NF文庫
ノンフィクション

非情の操縦席

生死のはざまに位置して

渡辺洋二

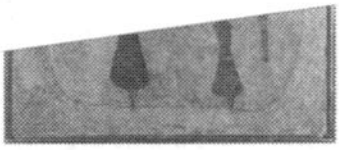

潮書房光人社

非情の操縦席——目次

非情の操縦席

生死のはざまに位置して

秋水一閃《しゅうすいいっせん》
——最も危険な戦闘機を飛ばすまで

第二次世界大戦で実戦に用いられたあらゆる戦闘機のうち、最も危険なのは、と飛行機通に問えば、少し間をおいて「メッサーシュミットＭｅ163」の返事があると思う。

有毒で爆発しやすいロケット燃料、一〇分に満たない飛行時間、特殊な離着陸用装備など、戦闘以前の飛行すら真に死と隣り合わせなのだから。着陸速度がいくらか高いがゆえに〝殺人機〟と呼ばれた日本の局地戦闘機「雷電」や二式戦闘機「鍾馗《しょうき》」は、ゆりかごのようなものだろう。

右の命題から「実戦に用いられた」をはずした場合はどうだろうか。さまざまな異論があろうが筆者は、Ｍｅ163を国産化した局地戦闘機「秋水」と答える。

ドイツから潜水艦でもたらされたわずかな資料をもとに、機械工業も化学工業もドイツより劣る日本で再現されたロケット戦闘機が、搭乗員にとってＭｅ163よりもずっと恐ろしい兵器になるはずと、容易に想像がつく。この危険きわまる機材に対し、運用を担当する組織はどのように動いたのか。

「呂」号の示すもの

神奈川県の厚木基地に実動戦力を置く第三〇二《さんまるふた》海軍航空隊。飛行科を二分し、昼間の邀撃《ようげき》を「雷電」主軸の第一飛行隊が、夜間を「月光」主軸の第二飛行隊が受け持つが、開隊から四ヵ月あまりの昭和十九年(一九四四年)七月のころは、関東に敵機が来襲する気配はなく、ひたすら訓練を重ねていた。

整備主任の補佐役たる整備士と、「雷電」整備の先任分隊士を兼務する廣瀬《ひろせ》行二《こうじ》中尉は、半月前に「月光」隊から隊内異動で移ってきて、可動率が低い難物局戦の研究を始めたところだった。

そこへ、また転勤の辞令が出た。「横須賀航空隊付《づき》、呂《ろ》号委員」だという。呂号委員という職名は初耳だ。

横須賀空は同じ県内の基地だから、支度が整えば転勤は容易だ。三〇二空の本部も同じエリアの横須賀鎮守府の中にあり、司令の小園安名《こぞのやすな》中佐はほど近い防空指揮所に詰めている。赴任時に立ち寄るように言われてきた廣瀬中尉は、防空指揮所をたずねた。

小園司令と三〇二空飛行長の西畑喜一郎少佐が待っていて、白布をかけたテーブルにつかせ、清酒で転勤を祝ってくれた。「呂号委員とは、なにをするんですか」。中尉の問いに、磊《らい》落《らく》な司令は「俺も知らん。新しい兵器らしいから、しっかりやってくれ」と答え、激励の辞を述べた。

横空の本部で副長に、呂号委員の辞令で着任した旨《むね》を述べても、「そんな職務は知らん」とつれない返事。中尉の前歴から、第一飛行隊へ行くように指示された。

第一飛行隊は戦闘機の実用テストと戦法の研究を担当する。ベテランの小福田租《みつぎ》少佐に申告すると、指揮所に毎日出てくるように言われ、腑に落ちないまま廣瀬中尉の横空勤務が始まった。

〔小福田少佐は、航空技術廠・飛行実験部から改編されたばかりの、性能テストを受け持つ横空審査部の戦闘機主務部員。同じ横空のなかの組織でも、審査部と第一飛行隊とは指揮所も行動も別なのだが、第一飛行隊長の中島正少佐が転出してまもないころなので、一時的に兼務していたのだろうか〕

五～六日たって、飛行場の南に隣接する航空技術廠から伝令がやってきて、すぐに廠長のところへ来るように言う。空技廠《くうぎしょう》と略称するこの組織は各種航空兵器の研究、試作、基礎テストを請け負う。廠長・和田操《みさお》中将の秘書で企画部勤務、機関学校の先輩である隈元《くまもと》勝彦大尉が、謎だった呂号の意味を「ロケットだ」と教えてくれた。

発動機部第二科の藤平右近技術大尉（まもなく技術少佐に進級）の指導のもとで、新たに開発するロケット戦闘機のエンジンと、呂号薬すなわちロケット燃料の勉強を進めるのが、呂号委員たる廣瀬中尉の任務と分かった。和田廠長からは「君はいちばん若い実験員だから、困ることが多いだろう。そのときは遠慮せずに私のところへ来なさい」とあたたかい言葉をかけられた。

肩書は横空付なのだから、やがて横空のなかにこの特異な機種の実用実験隊ができ、そこで彼が整備の中核の立場で動くレールが、すでに敷かれていたわけだ。

ほとんど徒手空拳

ドイツ航空省から念願の噴射推進式飛行機、すなわちロケット戦闘機Ｍｅ163Ｂとジェット戦闘機Ｍｅ262Ａの製造資料を譲られた、海軍航空本部監督官の巌谷《いわや》英一技術中佐は、ドイツ占領下のフランス・ロリアンから伊号潜水艦に便乗。敵の厳重な対潜警戒を逃れて、大西洋からインド洋へと三ヵ月の航海ののち、シンガポールの港に入ったのが十九年七月十四日。

零式輸送機に便乗して羽田に降り、航空本部総務部の伊東祐満大佐にわずかな一部資料を手わたしたときから、ロケット邀撃《ようげき》部隊の戦力化を目標に、海軍と陸軍の性急な計画が実質的にスタートした。

まずいことには、巌谷技術中佐のあとを追うはずの潜水艦が沈没して、艦内にあった過半の貴重資料は藻屑《もくず》と化した。このうえは巌谷技術中佐が持ち運んだ分だけで、得体の知れないＭｅ163を作るしかない。

Ａ４判二〇ページほどのごく簡略な機体の設計説明書、ざっとした機体組み立て三面図の写真一枚（数値の記入なし）、キャビネサイズのおおまかな主翼の断面図（翼型を示す数値の記入なし）、耐薬液材料に関する書類、Ｂ５判二〇ページほどの数種の薬液噴射弁の燃焼比較報告（ロケットエンジンのごく簡略な原理図と構造図付き）、それに薬液（燃料）の成分・性能・製法書類が、用い得る指南書のすべてだった。

高度一万メートルまでわずか三分半で到達、最大速度九〇〇キロ／時という信じがたい高性能に目がくらんだ用兵者たちは、それ以上に顕著なリスクに注意を払おうとしなかった。すでに北九州に空襲をかけた超重爆撃機ボーイングＢ－29への対抗策とすべく、陸海軍共同開発のかたちで試作が即決された。

機体は海軍、動力が陸軍と主担当を決め、試作会社に三菱重工を選んで、八月七日に官民合同研究会が空技廠で催《もよお》された。軍側の要求は、十二月なかばに試作一号機を完成という常軌を逸した性急なもので、三菱は資料不足、経験不足を理由に要請を辞退した。ただでさえ多忙な時期に、地道な研究が不可欠な異形のロケット機を四ヵ月で作れと言われて、納得する会社はあるまい。

「Ｍｅ163の資料はすこぶる簡単なる写真集にすぎず、数字的データは絶無に近く、原動機もこれより試作にかかり果たしていかなるものができるか見当もつかず、かつ水平尾翼なしの無尾翼機にて、我々としては全然経験なきもの」。機体設計主務者に任命された三菱の高橋巳治郎《みじろう》技師の、実情を直視した掛け値なしの述懐だ。

結局、機体の外形を定める線図を空技廠が作るのを条件に、三菱は試作受注をのんだ。空技廠では特殊な空力特性に対処するため、ふつう飛行機部が担当する外形設計を、風洞を持つ科学部が行なうことになった。

エンジンは陸軍の担当とはいえ、航空本部は発動機部で動き始めた研究をそのまま進行させた。空技廠が保有する技術に自信をもっているのと、陸軍側の技術に全幅の信頼を置かなかったからだ。

予定された人々

異色の機材だけに、操縦要員の手配も早期に始められた。

ロケット局地戦闘機の主務搭乗員で、実用実験隊の長になる小野二郎大尉が、水上戦闘機装備の四五三空の飛行隊長から八月三日付で転勤し、六日に横空に着任した。

特設水上機母艦「神川丸《かみかわまる》」の二式水戦を率いてソロモン航空戦の初期を戦い、グラマンF4F戦闘機一機の単独撃墜を報じたほか、単機でB-17重爆撃機を追撃してエンジン二発を止める戦果を記録。体調の許すかぎり率先出撃する、技倆《ぎりょう》と人格を兼ね備えたタイプの指揮官だった。

小野大尉が着任して二週間がすぎた八月二十日、朝鮮半島の元山《げんざん》航空隊（五日前に大村空・元山分遣隊を改編）で九六式艦上戦闘機と零戦による実用機教程を終えた一六名の搭乗員が、横空に顔をそろえた。

秋葉信弥、伊東弘一、岡野勝敏、梶山政雄、北村禮、小菅藤二郎、鈴木晴利、高田幸雄、成沢義郎、成田真一、原田精三、堀谷清衛、松本俊三郎、松本豊次《ぼんじ》、三角《みすみ》秀敏、三屋嘉夫の各少尉だ。

彼らは大学、高等専門学校卒業の十三期飛行専修予備学生のうち、基礎教程が二ヵ月短い前期組の出身者。元山分遣隊での教程を終えた八月十日すぎ、「Ｍｅ163（エムイーひゃくろくじゅうさん）に充《あ》つ」という変わった辞令を読み上げられた。

現在の飛行機ファンなら誰でもＭｅ163の何たるかが分かろうが、時代が違う。飛行機通がやっとＭｅ109、Ｍｅ110戦闘機を知っている程度だ。「エムイーだからメッサーシュミットのことだろう」「潜水艦でドイツへ行って応援するのか」。無関係な連中が集まってきて、好き勝手な文句をならべる。

もう一つ妙なのは、辞令の出どころが海軍省人事局ではなく航空本部であること。航本は異動の決定権など持っていない。この疑問は翌日に人事局から届いた「横須賀海軍航空隊付を命ず」によって解消された。航本からの辞令は、ロケット局戦に対する期待がなさせた勇み足の念押しと受け取れる。

赴任先が横空とくれば、Ｍｅ163なる未知の飛行機で実験的な飛行作業に携《たずさ》わるのでは、との想像も働く。

着任指定日まで三〜四日あったので、一六名は思い思いに内地へ向かった。早めに横須賀航空隊に着いた松本（俊）少尉が、中尉・少尉の集うガンルームにいると、端正な顔立ちの小野大尉がやってきて「俺もエムイーだ。よろしく」と、気さくに言った。これがロケット局戦隊の隊長と部下の最初の出会いだった。

全員がそろった八月二十日、夕食後に士官食堂の裏庭に呼び出された少尉たちの前に、横空飛行長の木暮寛中佐が現われた。周囲に聞こえない小声で「重大な任務を遂行してもらう」「日本の命運が君たちの双肩にかかっていると言っても過言ではない」「ドイツ人にできて、日本人にできぬはずはない」「いっさい他言無用」と述べ、意外な言葉に身体を固くする面々に、詳細は明朝に担当者から聞くように命じて、植え込みの中へ姿を消した。

任務の内容が分かったのは、翌朝、庁舎（司令部の建物）前で小野大尉に会ってからだ。「貴様たちの命は本日ただいまより、この俺が預かる！」の第一声に続いて、自分たちはロケット局戦Ｍｅ163の実験要員で、横空第一飛行隊に配置され、当面の訓練を空技廠で実施する、と教えてくれた。

大尉に導かれた一六名は空技廠へ向かう。科学部の垂直風洞建物に入ると、主翼幅一メートルほどのロケット局戦の風洞用縮尺模型を、技師が持って待っていた。

模型のあまりの異形《いぎょう》さに、高田少尉は言葉が出なかった。萱場《かやば》製作所の無尾翼グライダーなどを写真で知っていたが、それらとは異質の「ずんぐりした寸詰まりのブーメラン」に思えた。

技師は彼らの反応を予想していたらしく、マイナスの印象を持たれないように、きりもみ特性の良好さを示すため、模型を垂直風洞に入れた。実機に類似の重量分布を施した模型は、機首上げ姿勢から回復困難なフラットスピンに陥ることなく、規則的なきりもみを続け、メッサーシュミット社が案出した空力設計の素性《すじょう》のよさを垣間《かいま》見せた。

タンクに入れられた

ロケット局戦の搭乗要員としての〝任務〟は、身体検査と健康診断で始まった。翌日と翌翌日は飛行適性検査。空技廠航空医学部の大島正光軍医少佐の指揮のもとに、軍医官たちが進める検査は、予備学生入隊時の基礎的な内容とはまったく違っていた。

視野、背筋力、リーチの測定から始まって、地上練習機（シミュレーター）を吊るしての高度判定、同じく地上練習機を使っての三種（有視界、計器だけ、完全盲目）の場合の平衡《へいこう》感覚テスト、計算作業から精神面を判定するクレペリン検査、嘘《うそ》発見器を用いた精神動揺テストなどを実施。さらには、海軍が搭乗員の適性を見るのに参考にしていた、骨相学の水野義人氏（海軍嘱託）までが来隊し、彼らの人相、手相を観ていった。

四日目からが本番だった。

低圧、低温の実験と訓練だ。ロケット局戦は高度一万メートルまで三分あまりで到達し、滑空での降下速度もレシプロ・エンジン機よりずっと速い。気圧と気温が急変するが、それが搭乗員にどんな影響を与えるのか、データなどあるはずがない。一六名に模擬体験させて、反応をみようという算段だ。

空技廠施設部の三種の低圧実験タンクのうち、最初に用いたのは直径三メートル、長さ五メートル(松本豊次少尉の記憶による)の、一〇人ほどが入れる大型のもの。酸素マスクを着け、二〇分かけて地上から高度一万メートル相当まで気圧を減らしていく。

前夜から禁煙のまま、マスクなしで高度六〇〇〇メートルに減圧し、海軍体操をこなす試みも行なわれた。タンクから出て、軍医からタバコを一本ずつもらい、ふかぶかと吸いこむ。そのあともう一度タンクに入れられ、同じだけの減圧をかけられると、身体がだるく、脂汗がにじんだ。喫煙によって、血液中の酸素が減ったからだった。

円筒を立てた形の低温低圧タンクの内側は、冷蔵庫状に結氷しており、四人でぎっしりの容積。マイナス三〇度ほどに下がると、低温と低圧の相乗効果で空気中の水分が微細な氷に変わって、幻想的にキラキラ輝いた。ダイヤモンドダストと似た現象だ。

急速減圧の可能な小型タンクを使って、Ｍｅ163の上昇と同様に、三分間で高度一万メートル相当の気圧まで変化させるテストがくり返された。唾液を飲み続けて鼓膜の変調を防ぎ、

昭和19年（1944年）９月13日、低圧実験を終えて空技廠施設部実験室の屋上に集まったロケット機搭乗要員たち。前列左から小菅、高田、松本（俊）、北村、秋葉少尉。後列左から松本（豊）、成田、伊東、堀谷、成沢、梶山、鈴木、原田少尉。中央列の４名は軍医官で、右端に大島軍医少佐が座る。

酸欠に耐えるうちに規定高度の気圧に達する。一万二〇〇〇メートルに三分で到達、一分三〇秒で低空まで降下する実験をクリアーできた。さらにオーバーワークに耐えうるよう、一万メートルまで一分三〇秒、三〇秒で低空へ降下する激しい減圧と加圧も試行された。これらのテストのさいには毎回、軍医一名がタンク内に付き添った。

酸素マスクは大きな高度差に対応するため、一定量の酸素が出続ける既存のものではなく、呼吸にともなう腹部の動きに合わせて流量が変化する、大島軍医少佐が考案の腹帯式。酸素の供給に違和感が少ないので、評判がよかった。これとは別に同軍医少佐の案になる、宇宙服のヘルメット状の気密式与圧面と呼ばれた航空帽は、装用時の動作に軽快さを欠き、視界をはばむとの理由で、二〜三回の試用に止《とど》まった。

体調のチェックだけではない。気圧の変化の影響が少ない（つまりガスが出にくい）食事の内容、排泄物の状況にいたるまで、テストと検査の対象にされた。一六名の少尉たちはまさしく、実験動物ならぬ実験人間であったわけだ。

しかし彼らは、よけいな疑念を抱かず、支え合い、ときにはユーモアを交えて〝任務〟をこなしていった。全員を同期生、それも娑婆《しゃば》っ気と教養を兼ね備えた予備学生出身者から選んだのは、正解だったと言えよう。

低圧タンクのテスト開始から四〜五日たって、全員にロケット局戦搭乗要員合格の判定が出た。その後も同様のテストと、Ｍｅ163の機体およびエンジン、航空医学、気象学などの講義を受けつつ、一ヵ月がすぎていった。

余裕は皆無

空技廠科学部と三菱が並行して進めた機体の風洞実験は、八月のうちにほぼ終了。無尾翼ゆえに難渋した重心位置も九月初めに、主翼翼弦の一七〜一八パーセントに決まった。同月八日には海軍、陸軍の関係者が三菱・名古屋航空機製作所に集い、操縦席まわりが主体の第一回木型審査を実施するとともに、性能と装備を検討し、今後の製作日程を打ち合わせた。

機体、エンジンのどちらの技師たちも会社に泊まりこみ、昼夜兼行の態勢で設計にあたった。三菱・名古屋発動機研究所では、八月二十日にエンジン主要部分の設計図の出図をすませ、配管や支持部の図面も月末に完了した。

潜水艦の沈没をまぬがれた資料だけでは当然続出する難問や不明部分を、知識と経験、それに勘を加えて解きほぐしていったが、空技廠ではもう一つ別の手を使った。

それはドイツとの直接連絡だ。疑問点を無線で打電する。中継があったかどうかは定かでないが、暗号と平文《ひらぶん》の両方が用いられた。ドイツからの回答電報を、空技廠の図書館に勤める薬学部卒業の女性が翻訳した。横空から出向中の廣瀬中尉の机にもまわってくるその翻訳文は、一〇〇回以上に及んだという。

九月八日の第一回木型審査（三菱側データ。小野大尉の記録では九日）には、ロケット局戦隊長の小野大尉が搭乗要員を代表して三菱へ出向いた。初めは少尉たち全員も審査に加わるむね伝えられたが、これはすぐ取りやめになった。部下に未来の乗機を見せてやろうとする大尉の取りはからいが、前例がないと却下されたもののようだ。

第二回木型審査は同月二十七日に実施され、めだった変更なく終了。図面の完成と、実機および重滑空機（実機からエンジンと機内装備品を抜いたグライダー）の製作が急がれた。

だが、機体もエンジンも手さぐりの連続で、十月末には完成の目鼻がつく目算ははずれた。十一月十七日の促進会議で、陸海軍から厳守を求められた完成のスケジュールは、重滑空機

一号機：十二月十五日、同二号機：二十日、強度試験用供試体（いわゆる0号機）：二十五日、試作一号機：三十一日、同二号機：昭和二十年一月五日。

これでも条件を考えれば、めちゃくちゃと言っていい強引な予定だが、軍のあせりとロケット局戦への盲信は募《つの》るばかり。このときB－29の偵察機型F－13Aが高度一万メートルの関東の空に侵入し、味方戦闘機は一矢報いるどころか、同高度に達することすら適《かな》わなかったからだ。

名刀をめざして

鋭敏な感覚を要する操縦術は、少し間《ま》を置くだけで鈍ってしまう。十月の初め、一六名の少尉たちが元山空で零戦に乗って最後に飛んでから、もう二ヵ月近くがたっていた。

「腕が落ちるといかん。今日は飛行作業をやる」。小野大尉の言葉で彼らは、列線を敷いた戦闘機の向こうに置かれた九三式中間練習機まで歩いていく。最新型の零戦や「紫電改」が主力の横空第一飛行隊には、不似合いな複葉機の赤トンボだ。

中練で飛ぶのは半年ぶり。零戦になじんでいたため、操舵反応がスローモーなこの機は、かえってやりにくく感じた者もいた。彼らが横須賀航空基地で離着陸を行なったのは、この一回だけだった。

〝人体実験〟を終えた彼らの次の任務は、Ｍｅ163型機に乗るための飛行訓練だ。横空の六個飛行隊と横空審査部が常用する横須賀航空基地の飛行場に、彼らが使えるスペースなどないので、十月上旬、茨城県の百里原《ひやくりがはら》基地に移動した。基地を主用してきた艦爆・艦攻の練習部隊、百里原航空隊との同居である。

10月の百里原基地で16名の少尉たちが、中練を使っての飛行作業の前に整列し、派遣隊長・小野大尉／少佐に敬礼する。

ロケット局戦装備予定隊の名称は横空百里原派遣隊。九三中練五機がとりあえずの装備機材だ。もともとのオレンジイエローの上に迷彩の濃緑色を塗りかさね、垂直尾翼に白で横空を示す「ヨ」と機体番号が書いてある。このままでは本隊と同じなので、オレンジイエローの横線を付け加えた。ただの派遣隊ではないぞ、という誇りの表われだろう。

　基地移動後まもないある日、派遣隊長の肩書がついた小野大尉／少佐（十月十五日付で進級）が「横空百里原派遣隊にかわる、いい名前はないか」と問いかけた。すると「秋水一閃、驕敵《きようてき》を斬る」と言った岡野少尉に皆が賛同し、驕敵を斬る、すなわちB－29を落とす「秋水隊」にしようと決まった。秋水とは、秋の流水のように曇りなく研ぎ澄ました、鋭利な刀のことで、風流を解する彼らしい発案だ。

この組織名称たる秋水隊が転じて、Ｍｅ163と呼ばれていたロケット局戦の制式名称に採用された。

ところが、これにはもう一説ある。Ｍｅ163にあてる日本名が求められていると聞いた岡野少尉が、ロケット局戦が三〇ミリ機銃でＢ－29を撃墜する光景から「暴漢を一刀両断に葬る秋水」を思いつき、話してみたら採用になったという。こちらは当の岡野さんの回想である。

どちらにせよ「秋水」の名が、航空本部の戦闘機命名法（電、雷、風が付く）に則《のっと》らず、一搭乗員の発案による〝作品〟であったのは間違いない。

「秋水」隊の搭乗員は隊長を含めて士官ばかりで一七名。そこに十月中旬、もう一人の士官が加わった。小野少佐と同じく二座水上偵察機から戦闘機への転科者で、兵学校は六期後輩の犬塚豊彦大尉。水上機練習部隊の博多空から横空に転勤し、空技廠で低圧タンクに入ったのち百里原にやってきた。補職は派遣隊分隊長だ。

温厚で威張らない。部下の面倒みもよく、任務には真摯《しんし》で厳格という人柄で、少尉たちの人望を集めるのに時間はいらなかった。

以上の飛行科一八名に対し、六十余名の整備科を率いるのは廣瀬中尉。三〇二空で「月光」を扱っていたとき、調速器と気化器は微妙な仕組みなので、実施部隊の整備員にさわらせないように貼ってある封印を、はがし取ってバラバラに分解し、直してしまった。彼の技倆、冷静かつ積極的な性格が、この一事に端的に表われている。

百里原移動の受け入れ準備の指揮をとり、百里空との交渉を整えた廣瀬中尉は、横須賀・空技廠でのロケット局戦の研究のため、トラックで両基地を行き来した。

整備科には予備学生出身の橋本壮《しょう》少尉と奥野宗次郎少尉、兵から叩き上げた特務士官の佐藤少尉がいた。橋本少尉は「雷電」および「火星」エンジン専修だ。整備予学のなかでも「雷電」専修者は概して術力が高い。ずっと易しい九三中練の整備指揮をとるのに、なんの問題も生じなかった。

十一月に入って、機関学校で廣瀬中尉の二期後輩の工藤有範《ありのり》少尉と川井静男少尉が着任。最重点エンジンの「誉《ほまれ》」をメインに整備技術を身につけた彼らだが、やがて予想外の任務に従事する。

赤トンボで風を切る

以後、ロケット局戦を「秋水」と記す。

その動力使用時間は通常七分弱。帰投（帰港投錨を略した、帰還の意味の海軍用語）は滑空だ。九三中練の装備は、この滑空飛行を訓練するためである。

凹凸がめだつ場所に着陸して、「秋水」を壊してはならない。ちゃんと飛行場に降りられる滑空定着の修得が訓練の主眼だった。基地の北一〇キロあまりの涸沼《ひぬま》の上空、高度一二〇〇メートルで、滑空比一〇の九三中練のエンジンを止めれば、うまく帰ってこられる計算だ。

前後席互乗で滑空速度六〇ノット（一一〇キロ／時）、飛行場上空への進入高度は三〇〇メートル。「秋水」が水平姿勢で橇《そり》による着陸を行なうのに倣《なら》って、尾部下げの三点着陸ではなく、尾部を浮かした主車輪着陸を実施する。もちろんその方が容易だ。

エンジン音はなく、風を切る張線《はりせん》の音だけが響く奇妙な飛行。三機で上がった初日に、学生航空連盟で九五式一型練習機（陸軍の中練）を経験して、飛行キャリアが最も長い高田少尉は、予定どおりのアプローチをこなし、ややオーバーぎみの接地ながら及第点の滑空を終えた。

訓練をくり返すうちに腕を上げ、満足できる滑空定着が可能になった少尉たちだが、とんだじゃまも入った。水戸東飛行場から常陸《ひたち》教導飛行師団の陸軍戦闘機が急発進、接近してきて、邀撃の練習よろしく中練のまわりを旋回する。危険でもあるし、なによりも気分を害される。そこで、陸軍機の離陸を認めたらすぐ編隊を解いて、滑空帰投訓練に移ってしまうことにした。

十月のうちに少尉たちは交代で、木更津の第二航空廠や筑波空から零戦を受領してきた。射撃訓練に使うためだ。二一《にいいち》型と五二《ごおにい》型、それに複座化した零式練習用戦闘機一一型を合わせて六機だが、外観が比較的きれいな五二型一機のほかは、使い古しの還納機あるいは還納直前の機ばかり。ガタがきた尾端部を外さないと方向舵がスムーズに動かない〝大古機〟二一型や、無茶な機動のせいで主翼にシワが寄った五二型もあった。
「秋水」隊といえども戦闘機隊で、彼らは戦闘機専修なのだから、こんな機材でもずいぶんうれしかった。整備員たちにとっても、古さにてこずる点を除けば、零戦の取り扱いにはなんの問題もなかった。

横空百里原派遣隊の九三式中間練習機が基地施設を眼下に飛行中。19年の晩秋のころ、滑空訓練時に後席から撮影した。

零戦の入手と前後して、並列複座式の「光《ひかり》」六一二型ソアラー（上級滑空機）二機が持ちこまれた。九三中練による滑空では間に合わせの域を出ず、本格的なグライダーの使用が必要とされたのだ。「光」六一二型は三年前に海軍が購入したもので、これまた堂々たる中古機材だった。

「光」六一二型にはインストラクターがついてきた。学生航空連盟／大日本飛行協会の教官だった沢田謙吉飛曹長と、村山上飛曹、東上飛曹の三名だ。陸軍系の飛行協会から海軍に移った理由は定かでないが、沢田飛曹長は大変なベテランで、滑空機の国際記録を持っているうえ、たいていの海軍機を操縦できたという。

滑空定着訓練にソアラーをあて、九三中練は曳航機に立場を変えた。

どちらかといえば「光」六一二型はスタントをやりにくい。それでも、飛曹長のたくみな指導を得て、宙返りや失速反転を会得した。「秋水」が滑空帰投するさい、敵戦闘機の攻撃をかわすのに役立てるためだった。

九三中練には新たな役目ができた。射撃訓練時の吹き流し曳航だ。八〇〇キロ／時の「秋水」と五〇〇キロ／時のB－29との速度差は、零戦の五〇〇キロ／時と中練の二〇〇キロ／時との差に等しい。これを利用して、零戦に曳的を追わせ、機動と射撃のタイミングを覚えこむのが目的だった。

B－29の猛烈な火網への対策として、このころ「秋水」隊が想定していた戦法は、背面ダイブから逆落《さかお》としにかかる直上方攻撃だったようだ。だが、占位が難しく、零戦や「雷電」の速度でもきわどい、体当たりと紙一重のこの機動を、高速で航続時間がごく短いロケット機が、こなせたとは考えにくい。

新機材おめみえ

「秋水」の機体外形を決定する空技廠科学部には、もう一つ、木製羽布張りで外形がほぼ同じ軽滑空機を作る任務があった。その一号機が十二月に完成し、「秋水」隊が試飛行を担当するため、二十五日にトラックで百里原に運ばれてきた。進空は翌二十六日。

技倆からすれば当然、「秋水」審査の主務搭乗員で隊長の小野少佐が搭乗するところだが、結核と診断され、一〇日ほど前に横須賀海軍病院に入院していた。したがって、その役目は次席の犬塚大尉にまわってきた。

試飛行を終えた犬塚大尉がオレンジ色の軽滑空機の前に立つ。
右ひざに付けているのはテスト中にデータを書きこむ記録板。

軽滑空機の曳航に使うため、艦上攻撃機「天山」一一型が「秋水」隊の装備機に加わっていた。沢田飛曹長が操縦桿をにぎる。

橇《そり》で着陸する場合の滑走状態を知る手がかりに、軽滑空機で橇を使って離陸を試みたが、地面の抵抗は予想以上に大きく、数メートルでのめりかけたため、本来の離陸用車輪を装着しなおした。

こんどは成功した。一〇〇メートルの曳航索につながれた軽滑空機は、「天山」に引かれて滑走し浮き上がった。まもなく車輪を投棄。駆け足で同行する少尉たちを引き離し、上昇を続ける。

高度一〇〇〇メートルで索を放して左旋回。続いて右にカーブを描き、鮮やかに空を滑るオレンジの機影を、地上の面々は感動のまなざしで追い求める。

来《きた》るべき作戦の日を思い描いたのか、目をうるませている者もいた。

軽滑空機はだんだん降りてきた。飛行場に進入し、着陸にかかる。接地と同時に機首をのめらせた尾部上げ姿勢になり、そのまま地面をこすっていって止まった。試飛行は成功した。四ヵ月前、少尉たちを驚かせた不格好な風洞模型は、いま実機と同寸の機体に膨《ふく》れ、空気との調和を実証したのだ。

そのままで「秋水」の訓練用として使用可能、の評価が犬塚大尉から下された。空技廠経由、航空本部の指示を受けて、松田航空、横井航空などマイナーな製造会社が軽滑空機の生産にとりかかる。

この試飛行から数日のうちに、犬塚大尉と同期の山崎雄蔵大尉が「秋水」隊に着任した。彼もまた二座水偵からの転科で、この時点では隊付の肩書だった。

幹部が水偵搭乗員ばかりなのには、二つの理由が考えられる。一つは、着陸よりも難しい着水になじんできたのだから、容易でない「秋水」の帰投もこなせよう、との航本の判断。もう一つは、消耗が激しい陸上機に比べて、水上機には中堅以上の操縦員がかなり残っていたことだ。二座水偵操縦員はひととおりの空戦訓練を受けており、ロケット局戦で戦えると判断されたのだろう。

軽は重を兼ねるか?

三菱における「秋水」実機の構造審査は十二月一日に実施され、軍側から大きな変更箇所は出されなかった。その六日後に名古屋が東南海大地震に襲われ、試作工場の損害は軽微だったが、製作中の機体の治具《じぐ》に狂いが生じた。

20年１月８日、「天山」に曳航されて百里原基地を離陸する重滑空機。この機を操縦したのは犬塚大尉と陸軍の荒蒔少佐、伊藤大尉だけだった。曳航索は機首先端の下部から出ている。

十二月十八日、一ヵ月前の促進会議で決められた日程からわずか三日遅れで、重滑空機一号機の完成審査にこぎつけた。三菱側の懸命の作業の成果だった。だがこの日、偶然にも名古屋航空機製作所に対する一回目のB－29空襲にみまわれて、審査は中止を余儀なくされた。

さいわい重滑空機に別状はなく、すぐに解体して小改修を施したのち、トラックで空技廠へ送った。名古屋から横須賀まで延々と陸送された機体は、基地飛行場の北東の夏島（もとは島だったが、敷地拡充の埋め立てにより小山に変わった）に作られた横穴式地下壕（小工場）に搬入。再組み立て後、新年を迎えた一月二日にあらためて完成審査を行ない、油圧作動油の漏れと補助翼（昇降舵と兼用のエレボン）のガタが指摘された。

百里原の「秋水」隊では重滑空機の試飛行に備え、故障多発の「護《まもり》」エンジンの「天山」一一型を還納して、二機の一二型を用意した。一二型の「火星」二五型の整備については、「雷電」専修の橋本少尉が指導するから問題は生じにくい。

昭和二十年一月六日、トラックで百里原基地に到着した重滑空機は、途中の鉄道のガードに垂直尾翼を当てて、軽傷を負っていた。これを修理して、八日に試飛行を実施する。付き添ってきた胴体設計担当の楢原《ならはら》敏彦技師らの測定により、重量一〇三七キロ、重心点は翼弦の一六・八パーセントと出た。

軽滑空機と同じオレンジ色の重滑空機には、今回も犬塚大尉が搭乗し、午後二時十分、沢田飛曹長操縦の「天山」に曳航されて離陸。車輪を落とし、橇を引きこめて上昇していき、高度一七〇〇メートルで索を離した。

滑空速度は軽滑空機の二倍も速い一六〇ノット（三〇〇キロ／時）。一トンの重い機体だが、垂直旋回、上昇反転、宙返りと、小気味よく機動するのが地上からも分かる。

二五分間の滑空を終えて、めりこむような着陸をこなした犬塚大尉は、舵の効きぐあい、機体の安定性、バランスがいずれも良好な旨を述べ、楢原技師を喜ばせた。わずかな資料から、メッサーシュミット社の空力特性を再現した、高橋技師チームの成果の証明だった。

また、軽滑空機とよく似た飛行特性なので、重滑空機二号機の製作を急ぐ必要はない、それよりも「秋水」一号機の完成を急ぐべきである、と航空本部で結論づけられた。「秋水」搭乗要員の訓練は、軽滑空機を初歩練習機、重滑空機を中間練習機と見なして実施する手はずになっていた。戦局がひどく悪化したこの時期に、実機同様に製造の手間がかかる重滑空機を、たくさん作る余裕はない。軽滑空機が中練としても使えるのなら、確かに航空本部としては大助かりだ。

海軍の重滑空機の飛行は、この一回きりだった。ほかに誰も乗っておらず、犬塚大尉にもふたたび搭乗する機会はなかった。

大尉は軽と重は似ていると述べた（三菱側記録）というが、翼面荷重に大差があり、沈みの度合が大きく異なる両機の操縦感覚が類似したとは思いがたい。着陸や滑走時の衝撃、抵抗も異質なはずである。もしも「秋水」の実戦配備が実現し、軽滑空機の訓練しか受けていない搭乗員が出撃したなら、帰投時の事故が続出したに違いない。

新兵器のうつわ

強大な米空母機動部隊・第58任務部隊の艦上機群は二月十六日、関東の航空施設を目標に初めて内地上空に侵入し、百里原も攻撃を受けたが大事には至らなかった。敵機は翌十七日にも来襲。「機動部隊、近海を遊弋中《ゆうよく》」の報告を受けて、整備分隊士・橋本少尉らの指揮のもと、在地機の機内タンクからの燃料除去に励んだため、被弾しても燃え上がる事態には至らず、「天山」など一部の機に穴があいた程度ですんだ。

この二月十七日、兵庫県鳴尾基地の第三三二航空隊では、司令の柴田武雄大佐が「ちょっと横空まで行ってくる」とだけ幹部たちに言い残し、みずから九〇式機上作業練習機を操縦して飛び立った。

敵機が去ったあとの横須賀基地に降着した柴田大佐は、建物の一つに入っていった。それは二月五日付で開隊した第三一二《さんひとふた》航空隊の庁舎だった。彼は開隊と同日付で司令に補職されたが、三三二空司令の後任者を待っていて遅くなったのだ。

三一二空は横空百里原派遣隊の拡大・発展組織で、「秋水」の装備を予定した実戦部隊だ。派遣隊すなわち「秋水」隊は三一二空に吸収された。派遣隊を改編し拡大した組織が三一二空、と言ってもいい。

柴田司令は戦闘機搭乗員出身で、真珠湾攻撃の立案者・源田実大佐の論敵として知られていた。病身の小野少佐にかわって、飛行隊長の辞令を受けた山形頼夫少佐は、これまた二座水偵からの転科操縦員。九三八空の飛行隊長を務め、ソロモン諸島でしぶとく戦ってきた。

訓練を統括できる有能な飛行長がほしい司令は、人事局に交渉して、三三二空でコンビを組んでいた山下政雄少佐の転勤を発令してもらった。直情径行タイプの山下少佐は三三二空の後任司令とウマが合わず、柴田大佐に「チャンスがあったら呼んで下さいよ」と頼んでいた。昭和十年の大村空における分隊長と分隊士以来、四度目のコンビだ。

霞ヶ浦基地に移ったのちの20年３～４月、垂直尾翼に黄帯を入れた三一二空の零戦二一型に対し試運転が進む。零戦は分遣隊当時と同様に、射撃および空戦の機動訓練に使われた。

三一二空の整備のトップ、整備主任は松嶌《まつしま》繁久大尉。隈元少佐（十一月に進級）は分遣隊のときと同様、空技廠付のまま航空隊付の立場だった。

直接に機材を扱う幹部は、百里原派遣隊からのスライドだ。飛行科分隊長に犬塚大尉と山崎大尉が、整備科分隊長に廣瀬大尉（十二月に進級）が補職された。また、彼と機関学校同期の前川健二大尉と金杉隆大尉が、それぞれフィリピンで苦闘した零戦飛行隊を転出し、やはり整備科分隊長に着任。兵器整備分隊長には、洲ノ崎《すのさき》空で教官を務めていた白根行男中尉が三月下旬に着任し、ほかに主計、医務などの各科が加わって、組織の骨格は格段に大型化した。

〝入れ物〟が大きくなれば〝中身〟も増える。飛行科には先任分隊士として兵学校出身の清水淳《あつし》中尉と田中洋一中尉が着任し、清水中尉は飛行隊士（飛行隊長の補佐役）を兼務。分隊士はこれまでの一六名のほかに、新たに同期の予備士官一四名が加わり、やや遅れて飛行練習生教程を終えた下士官搭乗要員もやってくる。

敵艦上機は二月二十五日、ふたたび関東を攻撃し、百里原基地は三度目の空襲を受けた。沿岸に近いから、どうしても小型機にねらわれる可能性が高い。また、艦爆の実戦部隊が入ってきて手狭にもなったので、三月上旬、もっと内陸部の霞ヶ浦基地に移動した。霞空《かすくう》は広大なうえ、訓練中の飛行学生を北海道の千歳基地へ移したため、いっそう具合がいい。

搭乗員の増加で機材は当然不足する。とりあえず、用途が広い九三中練を一五機、鹿屋の第二十二航空廠から空輸した。

横空の本部に司令がいて、霞空の練習部を飛行長が率いる。さらに「秋水」の作戦基地に予定された厚木基地に薬液タンクの埋設を開始し、三一二空の活動は三本立てで進み出した。

土方仕事も実験協力も

ロケットエンジンKR一〇（特呂二号）の主担当者・陸軍の動きとは別動で、空技廠発動機部は動力の研究を進めていた。十二月中旬には空襲後の三菱・名古屋発動機研究所から試作エンジンや実験機器を、横須賀基地・夏島の実験場に二回運びこみ、察知した陸軍側とのあいだに不穏なムードがただよった。

三菱のエンジン主務の持田勇吉技師が、疎開先に横須賀を望んだのが主因だが、結局、陸軍の松本実験場ができしだい三菱技術陣を移動させることで落着（彼らの松本行きは昭和二十年四～五月）し、しこりは残らなかった。

　空技廠が神奈川県南西部、酒匂《さかわ》川の上流の内山村山北《やまきた》に疎開実験場の設営を始めたのもこのころだ。正式名称は内山出張所だが、たいていは山北の実験場と呼んだ。ロケット燃料に使う過酸化水素水を生産する、江戸川化学の工場が近くにあるため、ここが選ばれた。

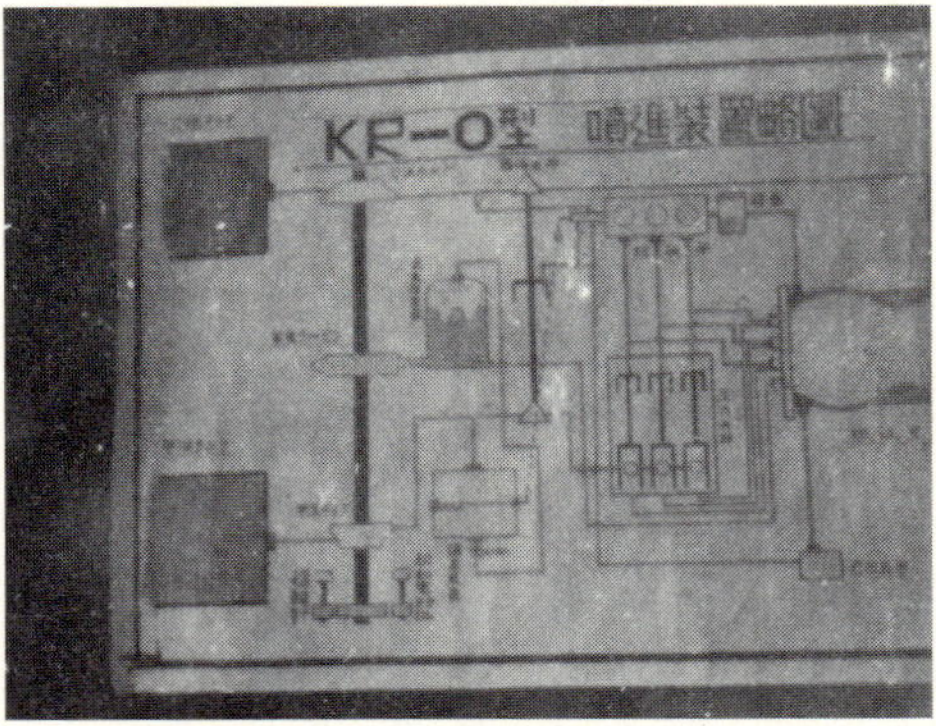

山北実験場の黒板に掲示されたロケット動力の模式図。
一分隊の分隊士たちが見学に出向いたおりに撮影した。

　夏島では一月十六日（十九日ともいう）に本試験に近い燃焼実験を実施できたけれども、スタート用モーターの能力不足が遅れを招き、ようやく三月末になって本格的な総合実験に成功。並行して山北実験場の施設建設と諸設備の搬入、設置を進める予定だった。三菱から運んできたせっかくの機器材は、夏島の倉庫に入れてあった。

　ところが二月になっても、建設作業はいっこうに動き出す気配がない。象牙の塔に似た空技廠の部員たちは、そうした任務に向かないのだ。発動機部にも机を持つ廣瀬大尉は実情を聞いて、柴田司令に空技廠への作業協力の許可を願い出た。頭の回転が速い大佐から、すみやかに許可が降りる。

三一二空のなかで、「秋水」の機体、動力のメカニズムと材料を熟知しているのは、隊付の隈元少佐と第二分隊長の廣瀬大尉の二人だけだった。呂号委員の辞令を受けて以降、空技廠での研究と実験、三菱、島津製作所、ワシノ精機、江戸川化学など製作会社との交渉、審査と研究参加でつちかった大尉の実力は、ロケット機開発の中枢にいつでも加われる水準（実質的に加わっているのだが、専従の肩書として）にあった。

そのうえ彼は、機関学校で陸戦工作を学び、杭打ちや橋かけなど土木作業に自信を持っている。建設地と周辺の不良な形状を見てとると、分隊の下士官兵を連れていき、まずトラックが通れる幅へ道を広げ、土地の整地にかかり、ついで施設部担当の建設作業を手伝った。最多時には現地で働く部下の数は一二〇名に達した。

建物ができると、三一二空のトラックも加えて実験機器材を搬入し、さらにはエンジン本体の組み立て、試運転の準備、薬液の取り扱いまでも、三一二空側で実施した。技術士官には実兵の指揮権がないし、空技廠の雇員《こいん》で間に合うような仕事ではなかったからだ。

こうして山北には第二分隊員が常駐し、無線機を備えて横須賀の本部と連絡をとった。三一二空の分遣隊と呼んでいい存在だった。

この間の二月十五日付で、空技廠が第一技術廠に改称（新設の第二技術廠は電波、音響兵器が専門）され、ジェット、ロケット部門は噴進部として三月一日付で発動機部から独立していた。

夏島から機器材を移したのち、山北実験場の施設が概成するのは四月から五月にかけてだ。犬塚大尉が長を務める第一分隊の予備士官たち一六名が、エンジンの試運転を見にいけと命じられ、御殿場線の山北駅で下車して、迎えの車で実験場に着いたのは四月二十二日。分隊長の次に「秋水」の搭乗員に近い立場にいる面々だから、ロケットというものを体験させようとしたのだろう。

彼らは高濃度の過酸化水素水の貯蔵所を見学した。藁《わら》屋根の下に水を張ったコンクリート製プールの中に、竹籠《たけかご》で包んだ三〇リットル容量のガラスびんが数十も置かれている。もしガラスびんが割れても、水で薄まるから危険はないのだ。国産では最高濃度の八〇パーセントの過酸化水素水をピペットに吸い、床に一滴たらして、バチバチッと爆発的に火花を飛ばす現象も見せてもらった。

肝心のロケット噴射は整備、調整が大変らしく、一向にテストが始まらない。三泊しても試運転を見ることはできず、とうとう帰還命令が伝えられた。

山北で確かな試運転が可能になったのは六月からだったといわれる。

指揮官とお告げ

柴田大佐は頭の切れがよく、ものごとに臆さない性格だった。そして、直感的な判断ができる人にときおり見受けられる、超常的な観念を信じるタイプだったようだ。

大佐が中尉で飛行学生だったときに精神的体験を感じたことなどを、犬塚大尉が知って意を同じくし、大尉と彼の家族が信仰している教団へ連れていった。三月ごろのことと思われる。「お光教」「光の神様」「お光様」と呼ばれる新興宗教で、東京の蒲田《かまた》に本部があった。教祖は中年の女性で、高橋妙龍と称した。位の高い信者には「龍」の付く名を授けるところから、御神体が竜だったらしい。

この宗教が大佐の感性に合致して、急速に信心を深めていった。蒲田詣《もう》でが始まり、司令が横空の庁舎（横空の司令部職員は空襲を避けて、南の丘陵に掘った壕内に移っていた）にいないときは、軍令部か海軍省か、あるいは蒲田かと言われるほどになった。

兵学校、機関学校出身の分隊長、隊付たち幹部に、司令が入信のきっかけを用意したことがあった。「お前も行け」と言われて廣瀬大尉は、霞ヶ浦基地で整備分隊長を務める金杉大尉、厚木基地で薬液タンク設置の指揮をとる前川大尉とともに、車に乗せられて教団本部へ連れていかれた。

建物はこぢんまりした普通の民家で、二間つづきの和室に祭壇がしつらえてあった。祭壇を背にして教祖が正座し、両脇に巫女《みこ》たちが侍《はべ》っている。教団本部というより、祈禱所《きとうしょ》と呼んだほうが適当かも知れない。

前寄りに位置した司令から、やや離れて三人が座った。やがて巫女が舞を始め、そのうちに恍惚《こうこつ》状態になって「ひかりー」「ひかりー」と大声で連呼し、最後にばったり伏して、神のお告げなるものを叫んだ。

信者にとって有り難い神事でも、関心のない三人の大尉には珍奇な光景だ。正視しにくい感情にとらわれて不思議はない。

廣瀬大尉はその後もう一度誘われて教団へ行き、後日「修龍」の名を授かった旨を司令から聞かされた。大尉には別世界の出来事としか感じられず、帰依《きえ》する気持ちにはならなかった。

「荒木又右衛門、後藤又兵衛……」。巫女が祝詞《のりと》を読んで、前川大尉の先祖だという人物の名をならべていく。忠臣の「楠木正成」も出てきて司令を喜ばせ、前川大尉は「健龍」の龍名を与えられた。

兵器整備分隊長の白根中尉も、整備分隊士の工藤中尉（三月に進級）ら二〜三名と、ここへ連れていかれたことがあった。白根中尉への龍名は「根龍《こんりゅう》」。適当な字がなくなったので姓からひと文字を取ったのか、と彼は思った。

「使龍」をもらった工藤中尉は祝詞の最中に、合わせた両手が上下に震え出し、身体にも震えを感じた。母方から神官の血をひくゆえか、こうした宗教的な状況に違和感がなく、個人として信心を抱くようになった。

柴田大佐の信仰度は、犬塚大尉を上まわるほどだったという。もともとの性格に加えて、急速に傾く戦局を挽回しなければとの思いが、のめりこませたのだろうか。

彼の信仰は空技廠や横空の幹部たちに広く知られるに至った。教団の周辺地域に爆弾が落ちていないのを「お光さんの御威光」と部下に言い、高橋教祖のお告げが芳しからぬため転勤辞令を出された者もいたという。ロケットをきらい「救国の動力はジェットだ」と主張する、噴進部第二科（ジェット部門）のリーダー種子島時休大佐などは、三二二空を「神様部隊」と揶揄《やゆ》したほどだ。

信仰は個人の自由だ。盲信による迷惑を他人に及ぼしさえしなければ。大佐は部下に入信を強要しなかった。このことは評価されるべきだろう。

入信を誘わなかったのは犬塚大尉も同じだ。派遣隊以来の第一分隊の少尉たち一六名（四名は三月、一二名は六月に中尉に進級）は司令と分隊長の「お光教」を知っていたけれども、教義を説かれたこともなかった。

例えば松本（俊）少尉の場合、「神様も大切だが、より大切なのは自身の腕」と考え、気をとられなかった。操縦に関して困ったことがあったとき、大尉が「おい、そういうときは神様に祈ったほうがいいぞ」と言った。「神様を頼ってばかりではいけないから、腕を磨かせて下さい」という少尉の答えに、「そうか。そうだな」と返事をしただけで、それ以上は言及しなかった。

彼らはめいめい、分隊長から「お光教」の御守をもらっていた。初詣でで購《あがな》う神社の守り札と似たもので、信仰を広める意志はなく、単に部下たちの災難を除きたかったのだろう。

高田中尉は「お光教」を、信じてはいないが、心のどこかで頼っていた。「秋水」への不安がそうさせたのだ。零戦の飛行作業にかかるとき、御守を風呂場に忘れてきたのに気づいて、不安な気持ちになった。そこへ従兵が駆けてきて、御守を差し出した。風呂場で見つけ届けてくれたのだ。これで落ち着きを取りもどした中尉の感覚は、たいていの日本人に共通していよう。

危険な曳航

冬から春へと、霞空での飛行作業は続いていた。

山崎大尉が指揮をとる、練度の低い第六分隊で四月十八日、殉職事故が起きた。離陸して高度五〇メートルのあたりで、「光」六一二型ソアラーが曳航機との規定の高度差(プラス五メートル)を超えて上昇してしまい、九三中練の尾部を吊り上げて機首下げ状態におちいらせた。

バランスを崩された中練にとって、高度がないのは致命的だ。指揮所から飛行状況を見ていた松本(豊)少尉らは「曳航索を切れっ」とくちぐちに叫んだ。分遣隊開隊このかた曳航と滑空に錬磨を重ねてきた彼らには、危険を直感できた。

ソアラーは離脱できたが、中練は引き起こしきれなかった。滑走路端に落ち、操縦席の竹村啓一少尉は計器板に頭部を打ちつけて、派遣隊と三一二空を通じ最初の殉職者になった。

後席の同乗者が助かったのは幸いだった。

事故は事故を呼ぶ。六日後の二十四日、竹村機墜落の原因と対策を探るため、高度を一〇〇〇メートルにとって状況の再現が試みられた。予想外の事態に対処しうるよう、九三中練の操縦には山崎六分隊長があたり、ソアラーに六分隊先任の田中中尉と、やはり六分隊の小池文二少尉が搭乗した。

事故のときとは逆に、中練が高度を下げて同状況を再現。予定どおり機尾が吊り上げられ、降下姿勢に変わった中練の速度がぐんぐん増して、振動を生じたため、山崎大尉はソアラーの切り離しを同乗者に命じた。だがソアラーは離れず、中練側から索を離すこともせず、降下が続く。高度二〇〇メートルあたりで突然ソアラーが離脱し、空中分解した。

舵の効きを取りもどした中練は着陸できたが、ソアラーの田中中尉が墜死し、小池少尉は落下傘が開いて生還した。原因は伝声管と曳航索の不具合にあった。これら二例の事故により、低空での九三中練の尾部吊り上げは命取りになることが分かった。

このほかにもきわどいアクシデントが生じたが、航空隊に危険は付きもので、隊員たちはめげることなく訓練を続けた。

機材も二種の新顔がもたらされた。

まず、「光」六-二型に代わるソアラーとして、「力」《ちから》型が五機ほど。「光」の並列式に対し、前後に乗る縦列複座式で、滑空速度と沈下速度が速く、高田中尉は飛行特性のよさが気に入った。機材の好みが人によって異なるのはグライダーも同じで、松本（豊）少尉にとっては軽くてスタントをやりやすい「光」のほうがよかった。

もうひとつは二機用意された、低翼単葉の二式中間練習機。「天山」艦攻は重滑空機の曳航用で、軽滑空機を引くのは役不足の観がある。そのため、手ごろな複座機（グライダーの状態を見るのに後席が必要）として選ばれたのだ。翼端失速に陥りやすく、実用機よりも難しいと評された二式中練だが、三一二空ではそうした声はあまり聞かれず、広すぎる操縦席の操作性の悪さが目立った。

三一二空の新編後まもない二月下旬、海上護衛部隊の九三一空から千木良《ちぎら》晋作少尉と天谷《あまがや》晋少尉が転勤してきた。二人とも九七式艦上攻撃機の操縦員なので、戦闘機部隊でなにをするのか疑問だったが、重滑空機を艦攻で曳航するとの説明を受けて納得した。分隊士が同期ばかりの一分隊に加わり、九三中練でソアラーを引き始めた。次いで二式中練の慣熟飛行に移る。どうしたわけか、彼らが着任したとき「天山」を見なかった。

九三一空で戦死した仲間を思うと、曳航任務を受け持つだけでは物足りない。やがて実用化される「秋水」に爆装すれば、圧倒的な優速によって体当たりが可能だ。千木良少尉と天谷少尉は相談のうえで、飛行隊長の山形少佐に「秋水」搭乗を願い出た。「よろしい。滑空機の訓練をやれ」と笑顔の少佐から許可が下りた。

曳航機操縦とソアラー訓練の二足のわらじを履《は》くうちに、五～六月のころに「天山」一機が空輸された。沢田飛曹長から失速速度などをざっと聞いて、二人は操訓を開始する。

いきなり二つ折り

態勢を整えた山北実験場で、試作一号ロケットエンジンが三分間の連続燃焼試験(試運転)に成功したのは六月十二日。四日後には四分間の連続試運転をクリアーできた。

山北には三一二空の整備隊員が無線機を持って常駐し、廣瀬分隊長も出張と滞在をくり返していたから、試運転成功の知らせは霞空基地にもすぐに届く。一定時間の連続運転ができたのなら、「秋水」の試飛行も遠くはあるまいと思われた。

零戦に搭乗しての曳的射撃や接敵訓練、夜間離着陸と、六分隊の滑空訓練の教官役を務め、多忙だが地道な飛行作業をこなしていた、一分隊の分隊士である中尉たち一六名にとって、大きな節目の訪れだった。「秋水」搭乗に備えて、軽滑空機の飛行を始めるのだ。

前年の十二月に犬塚大尉が初試飛行をすませた軽滑空機の一号機は、以後は飛ばず、どこかへ運ばれていった。のちに陸軍の特兵隊(「秋水」テスト部隊)に引きわたされたのがこれだろう。そのあとに来た二機が霞空に置かれていた。うち一機に五月ごろ犬塚大尉が乗ったが、着陸がうまくいかず、背骨を痛めて一〇日間ほど入院した。

航空本部が決めた軽滑空機の名称は、「秋水」の「秋」と練習機につける「草」を合わせた「秋草《あきぐさ》」だったが、陸軍はもとより、三一二空でも誰もその名を知らず、たんに軽滑空機と呼び続けた。

軽滑空機に乗るのは一分隊の分隊士一六名だけ。曳航機にはおもに二式中練が使われた。離陸専用の車輪は、浮いたらすぐに操縦席の右下のレバーを引いて落とす。機首が短く先細で、主翼前縁に二七度の後退角をつけてあるから、前方および前下方の視界がとても広い。

霞空の滑走路を離陸。高度一〇〇〇メートルで索を離した高田中尉は、補助翼と昇降舵をかねるエレボンと、方向舵の効きが予想外によく、操縦性が優れている点に驚かされた。快調にスタントをこなし、的確な目測で着陸に移る。固定式の橇が地表にさわる擦過音《さっかおん》が聞こえてきた。

いきなり急ブレーキがかかった。猛烈な制動力。前のめりどころではない。身体が二つに折れ、脳みそだけ前方へすっ飛んだみたいだ。痛くはないが、起きようとしても上半身が上がらなかった。やっと頭を動かせ、風防越しに景色が見えたときには、軽滑空機は停止していた。

新たに三一二空が２機を受領し、一分隊の士官搭乗員の訓練に用いた軽滑空機「秋草」。20年晩春の霞空基地で写された。

滑走距離は一〇メートル前後に思えた。その間の橇と地面とのすさまじい摩擦を、半年のあいだ犬塚分隊長だけが知っていたのだ。

軽滑空機に対しても、感覚の個人差がある。松本（俊）中尉の場合、高度二〇〇〇メートルで滑空を始め、急ブレーキ的接地を味わったが、零戦の機動で六Gをかけたときほどには、きつくなかった。滑走も四〇〜五〇メートルと感じた。

推進力のない異形機なので、正直なところ滑空時に恐さを感じた秋葉中尉。松本（豊）中尉は「何回もやりたいことではない。一度で充分」とうんざりした。このあたりが一六名の感想の最大公約数ではないだろうか。

回数にも個人差があった。高田中尉は三回は経験したが、車輪が落ちないときがあった。なんとかして落とそうと、飛行場端へ向けて急降下。引き起こしでGをかけ、やっと離れた車輪が、着陸してきた「白菊」機上作業練習機に当たりそうになり、不可抗力なのに山下飛行長のお叱りを受けた。

軽滑空機の曳航には「天山」もときどき使われた。千木良中尉、天谷中尉、それにあとから着任の真田実中尉が、操縦員ばかりのペアを組んで数回、引き役を務めた。

六月ごろ、その「天山」の試飛行で、油圧低下により離陸直後にエンジンが止まり、水田に突っこんだ。操縦席の真田中尉は無傷、偵察席の天谷中尉は重傷、電信席の千木良中尉は軽傷で、「天山」は大破し廃機処分がとられた。

日本飛行機・山形製作所製の1号機。工作精度確認のため、機銃を主翼付け根に仮装備してある。元は九三中練の羽布へのドープ吹き付け工場で、後方に組立中の2号機が見える。

山形に「秋水」あり

軽滑空機をたった三機しか用意できないのに、陸海軍航空本部と軍需省は「秋水」の大量産を民間メーカーに望んだ。

三菱のほかに三社が指定され、日本飛行機が二月十九日付で受けた昭和二十年度上半期（四〜九月）の生産内示機数は、実に四八七機。日飛側は検討ののち、生産可能三〇六機の案を軍需省に提出したが、同省は承認せず、内示（イコール示達）機数を実現するように求めた。

日飛は三菱から図面を得て、富岡製作所（本社工場。神奈川県）と山形製作所で、総力をあげて生産に取りかかった。材料、部品の入手難のなかで、まがりなりにも生産を軌道に乗せようとしていた富岡製作所は、五月二十九日と六月十日のB－29の昼間空襲で被爆し、ついに完成機を送り出せなかった。

これにくらべ、軍の秘匿名称で扶桑第一〇一工場と呼ばれた山形製作所は、空襲もなく、作業は順調に進んだ。それまでの主力生産機・九三中練の場合とは一変して、工場内を外部に見せないよう注意を払い、図面は中練の羽布で作った袋に入れて厳重に管理した。

六月末、努力の結晶の一号機が完成。翌日には、木造の総組み立て艤装工場内に紅白の幔《まん》幕《まく》を張りめぐらし、会社幹部、海軍監督官らがつどって完成式が催された。暗緑色と明灰色に塗られた「秋水」の翼根前縁からは、臨時に取り付けられた装備予定の五式三〇ミリ固定機銃一型の銃身が、威力ありげに突き出ていた。

式が終わるころ、工作係長付の技手補《ぎてほ》見習・寺岡嵩《たかし》氏は、工作課長に呼ばれた。この一号機を一技廠に搬入し、整備と実施部隊への納入を担当せよ、との命令だ。

米沢工専から動員学生として日飛に配属された寺岡氏は、経歴上、役職は高くないが技術理解力にすぐれ、「秋水」転換生産の当初から関わっていた。工程図を作成し、組み立てを指示してきたから、ロケット局戦の構造と機構はすっかり頭に収めている。大船近郊の富士飛行機における製作研究会で、雲の上の人、機体設計主務の三菱・高橋技師に、勇気をふるい起こして組み立て上の問題点を論述したこともあった。

「秋水」は梱包《こんぽう》工場で、胴体と主翼に分けて荷造りされ、七月初めに貨車で横須賀へ送られた。熟練工一五名を引率した寺岡技手補見習が横須賀基地に着いたとき、荷を解かれた機体がすでに夏島の横穴式地下壕（横穴格納庫）に入れてあった。壕は飛行機の組み立ても可能な広さがあり、工作機械も設置されていた。

納入を終えたいま、彼らの残る仕事は、日飛一号機が飛ぶためのサポートだ。三一二空に臨時配属の軍属として兵舎に寝泊まりし、兵食を食べ、空襲のときは地下壕へ逃げこんだ。

自分たちが三一二空の配下に入れられ、隊員が「秋水」を扱うのを見て、すでに三一二空の装備機になっていると寺岡技手補見習は思った。しかし実際は、横須賀の機体も山北のエンジンも一技廠の管轄下に置かれていた。飛んでもいない飛行機とその動力を、実施部隊に配備する処置は海軍の規定にない。

三一二空の隊員が自隊の装備機のように取り扱う異例なかたちに至ったのは、彼らのうちの重立《おもだ》った士官が、もともと横空付の「秋水」担当者だったからだ。こんな奇妙な状況を生んだ要因は、ロケット局戦実用化へのあせりがもたらした拙速方針にあった。

主翼に神やどる

三一二空の司令・柴田大佐はその性格と、実施部隊の指揮官を歴任し戦功を重ねてきた経験から、多少強引でも実情に対応する手を打つ傾向が強かった。「秋水」に関しても、これがはっきり表われた。

打ち上げ花火的なロケット機を、B－29編隊に会敵させるのは容易でない。敵のコースが少しずれただけで、出撃は無為に終わってしまう。彼が考えた対策は、まず数多くの基地に、カタパルトに取り付けられた「秋水」を配置する。測定員が敵機の接近を、地上装置に付いた望遠鏡で追う。その角度が深まると、エンジン始動のランプ、ついで発進のランプが灯《とも》って出撃、というシステムだった。ただし当時の日本では、技術、人材・資材、時間のいずれの面でも実現困難な、画餅に等しい構想と言わざるを得ない。

最難物の動力の早期実用化にも積極的な策を出した。

高度一万メートルまで三分半、「秋水」にとっては低速の六〇〇キロ／時の水平飛行で三分の、合計六分半。したがって七分間の連続試運転の達成が、実用化の条件だった。だが、これを待っていたのでは、いつ実戦配備できるか分からない。

四月十一日に一技廠で開かれた試飛行打ち合わせ会議で柴田大佐は、一〜二ヵ月で実現可能と技術者から聞いた、二分間の試運転を主張した。これに成功したら、そのぶん燃料を減らした「秋水」の試飛行を実施したい、と述べたのだ。噴進部と三菱は安全係数を一・五として、連続三分間を条件に示し、了承されたことで以後の方針が決まった。

山北でこの試運転が実現した六月十二日は、試飛行へのカウントダウンを始め得た意義ぶかい日なのだった。

試飛行が迫ってきて問題になったのは、どこの飛行場を使うかだ。未知数の部分が多く、高速で飛び、変則的な着陸をする機だから、まず広さが必要と誰でも思う。霞ヶ浦、木更津両基地は広いが、横須賀から持っていくには遠すぎる。それに燃料の性質上、可燃物になる草地の霞空《かすくう》は使えない。

比較的距離が近く、舗装滑走路で、支援設備を整えやすいのが厚木基地だ。三一二空司令部の意志は厚木と決まりかけた。

それが一転して横須賀基地に決定したのは、柴田司令の判断による。厚木は高圧線が走っている、横須賀のまわりは海だからもしものとき不時着水できる（過酸化水素水が薄まって火傷《やけど》をしない）、といった理由があげられるが、「秋水」の上昇角度は二七度と急だから位置的に電線はまったく問題にならず、トラブル時の薬液放出のさいも四周が畑と山林の厚木のほうが心配がない。

「秋水」をトラックに乗せて厚木まで運ぶと、振動でエンジンに故障が出やすい、と考えがちだが、そうではない。本当に大変なのは、管やパッキングの接合部分から漏《も》れのないように、エンジンを機体に取り付けることなのだ。いったんうまく装着すれば、陸送しても荷台に充分な緩衝材を置くことによって、かんたんには不具合を生じない。

海水の利点は確かにあるが、横須賀の狭さと降りにくさのマイナスのほうが大きいのは間違いない。三菱側も狭さの不利を指摘した。それなのに、なぜ司令は横須賀を選んだのか。

理由の一つは「お光様」にあった。「横須賀がいい」「狭いのなら飛行機を軽くせよ」とのお告げを受けていた。「『秋水』の翼には光の神が乗っているから大丈夫だ」と、柴田大佐は整備分隊長の廣瀬大尉に明言している。分隊士の橋本中尉（三月に進級）も、横須賀に決めたのは新興宗教の影響を受けた司令の考え、と伝え聞いた。

横空庁舎での食事のとき、司令のおもな話題は軍令部の将来構想と「お光様」だった。兵器整備分隊長・白根大尉（六月に進級）は、司令は「秋水」成功のために蒲田へ出かけている、と理解し、飛行長・山下少佐は司令の信仰を好んでいなかった。

隊歴が浅く、山北にいて実情を知らない隊付整備士官の西村真舩《まふね》大尉のように、司令の信仰は試飛行などのさい、周囲によけいな説明をしないですませる目的の、なかばジェスチャーと安易に思いこむ者もいた。

まぎわの情景

山北の一号エンジンは領収運転を終え、六月下旬に横須賀・夏島の横穴格納庫に運びこまれた。二十八日には海べりに固定し試運転してみたが、うまくいかなかった。乙液ポンプ入口にボロ布が詰まっていたのが原因だった。

廣瀬大尉が指揮する三一二空の整備分隊と、高橋技師ら三菱技術スタッフは、三昼夜がかりで機体にエンジンを組み付ける。試飛行担当の犬塚大尉も、彼らと壕内に泊まりこんだ。

犬塚分隊長に続いて七月四日、霞空にいた一分隊の一六名の中尉たち、三一二空軍医長の遠藤始軍医少佐らも横空にやってきた。試飛行をサポートするためだ。

五日は夏島の岸壁で、装備予定の五式三〇ミリ機銃の試射。白根分隊長の指揮で、地上の試射台に固定された機銃を発射する。三一二空としては弾道特性の精密テストはこれからだが、機構の作動は安定し、実用兵器の域に達したと言えた。ただし二〇ミリに比べて発射速度が遅いのが、白根分隊長にとって実戦面での気がかりになっていた。

試射を見つめる松本（豊）中尉は驚嘆した。海面は弾道から数メートルも離れているのに、さざ波が立つのだ。弾丸が大きいのに高初速で、光る曳跟弾《えいこん》が目にとまるだけ。これがB－29の重要部に当たればイチコロだ、と意を強くする思いだった。

「秋水」に装備したエンジンの試運転が実行されたのは、同日あるいは翌六日。順調に燃焼したため、いよいよ試飛行の段どりが整った。

七月六日については、いささか問題がある。

国際電気の山下俊技手《としぎて》は無線電話のアンテナ改良のため、航空本部嘱託として横空に通っていた。七月の上旬、彼の机がある第六飛行隊（通信とレーダーを担当）の指揮所の中から、オレンジ色の「秋水」が飛行場のエプロンに置いてあるのを目にした。

立場上、横須賀基地内を自由に歩け、夏島の壕内へ「秋水」を三～四回見にいったが、飛行場に引き出されたのを見たのは初めてだった。翌日、半年間の嘱託勤務を終えて横空をあとにした。この機（製造番号第二〇一号。試作二号機のようだ）が試飛行に用いられたのは確実だ。

一分隊の松本（俊）中尉がとったメモに、六日に試飛行を予定し「秋水」を出したが追い風のため中止、という内容がある。そうした予定はなかった、との説もあり、判然としないけれども、山下技手の目撃が中尉のメモに合致するように思える。

「秋水」は手押しや車輌の牽引で、壕から飛行場まで運ばれたらしい。しかし、滑走路端への微妙な移動には、千葉の工場で二台（一台はスペア）作らせた、豆タンクのような専用ミニクレーン車を用いた。六月下旬に横須賀基地に搬入されたという。

整備分隊士の工藤中尉がぶっつけ本番で操作したのが、六日または七日。薬液未搭載のロケット局戦は軽い感じで吊り上げることができ、所定の位置へ移すのにキャタピラの作動によらず、アームを振った。「秋水」が揺れるのを見た隈元少佐は、破損を恐れて「待て！」と命じ、運転経験者が操作を代わった。

このあと、厚木基地の燃料貯蔵庫からタンク車で運ばれた薬液の、注入作業を実施。薬害を防ぐためゴムガッパ状の防護服の上下を着た分隊員を、同じ服装の分隊長・前川大尉が指揮しつつ、みずから胴体にまたがって、オスタップ（洗い桶）から甲液三〇リットルずつを漏斗《ろうと》を通してタンクに注入する。高濃度の過酸化水素水の危険を恐れない率先垂範だ。薬液搭載量は司令の指示で三分の一（乙液の量か？）とされていた。

そして七月七日。試飛行の当日である。

昼食後、横空の士官食堂に集まったのは、柴田司令、山形飛行隊長、隊付・隈元少佐、犬塚一分隊長、廣瀬二分隊長、清水飛行士（飛行長の補佐役）兼六分隊先任分隊士、一六名の一分隊士、橋本、奥野両二分隊士の合計二四名。司令と飛行隊長、飛行士を除いて、「秋水」隊発足時からいた士官たちだ。試飛行の打ち合わせ会議が行なわれた。

始めに司令が、薬液搭載量三分の一の軽荷重状態での飛行を説明。ついで、それぞれの役割分担の指示が与えられた。犬塚大尉のほかはたいてい地上の任務だが、成沢中尉が操縦する零式練戦に同乗した山形少佐は、高度五〇〇〇メートルから監視する役目だった。

横須賀基地の夏島付近で、胴体後部をはずしてのエンジン試運転。地面に伸びた太い筒は甲液排出用らしい。7月5～6日の撮影。計画のスタートから1年あまりでここまで来た。

　山下飛行長も試飛行実施に参加するため、零戦に乗って霞空を出発した。飛行中に滑油の漏れがひどくなり、羽田飛行場に降着ののち電車で、基地に最寄《もよ》りの追浜駅へ向かった。

　試飛行びよりの上天気のもと、一二〇〇メートル滑走路の南西端に置かれた「秋水」に整備士官がとりついて、車輪が確実に落ちるよう、入念なチェックをくり返していた。大きな車輪を付けたままでは飛行がひどく阻害《そがい》されるからだ。橋本、奥野、額田啓三、三木友輔の各中尉が作業にあたるのを、篠崎健二郎中尉が注視する。

篠崎中尉は三週間前に、輸送部隊の一〇八一空《せんはちじゆういち》から着任したばかり。工業化学科の出身なのでロケット部隊への転勤を喜んだ。夏島の壕内で組み立て中の機体と、研究用のエンジンのメカニズムを調べ、「うまくいけば飛行機として、なんとかなりそうだ」と期待を抱いた。司令の宗教通いはすぐ彼の耳にも入った。こんどの試飛行も、甲液の定量一・五トンに対し「神様のお告げで五〇〇キロ」と司令が言ったと伝わってきた。また彼自身、士官が集う昼食時に司令の宗教の話を聞いたことがあった。

離陸は成功したが

午後一時をまわるころには、海軍各部局の高級士官が横須賀基地に集まり出した。最上級者はかつて海軍大臣、軍令部総長も務めた、軍事参議官の及川古志郎大将だ。彼は前日も姿を見せ、三菱の技術陣だけを激励していた。

薬液については、前述のように試飛行の前日に搭載済、当日の試飛行直前に注入、という異なった二種の回想がある。あるいは、当日は乙液（メタノール、水化ヒドラジン、水、銅シアン化カリを混合）だけを入れたとも考えられる。

乙液だけにしろ、実機のタンクへの注入は初めてなので、どうしても手間どる。五八〇リットルの甲液に対し、乙液一六〇リットルをうまく入れ終えたときには、予定以上の時間が

犬塚大尉が木製の台を使って、オレンジ色の「秋水」に搭乗した。手前で話し合う士官は左から隈元少佐、橋本中尉、清水大尉。７月７日、発進まで少し間がある午後４時半ごろか。

すぎていた。

この間に、廣瀬大尉が操縦席に入って計器や装置類を点検する。ついで隈元少佐が座席に着き、起動モーターを回し、左手でレバーを押して甲、乙両液を混合させると、ロケットエンジン特有の爆音と噴射が生じた。

この日の横須賀基地は「秋水」の試飛行の予定が広く伝わり、大勢の人々が飛行場の周りにてんでに位置を占めて、発進を待っていた。夜戦の横空第七飛行隊員も同じだ。皆が指揮所の前に出て、立ったまま待ち続けた。

「秋水」のそばで動く整備員を望見しつつ、「月光」偵察員の黒鳥四朗中尉は「ウーンと上がっていって、三分のあいだにB－29が見つからなかったらどうするんだろう」という、素朴で重要な疑問を感じていた。激しい夜間邀撃戦に従事してきただけに、哨戒から会敵、捕捉、攻撃にいたるプロセスの難しさと手間どりが身にしみていた。中学で同級生だった秋葉中尉がそのロケット機の次期搭乗予定者の一人で、黒鳥中尉の視野のあたりにいることなど、つゆ知らなかった。

試飛行が遅れたのは動力関係にトラブルがあったからともいう。ずいぶん時間がすぎたので飛行の中止を問う隈元少佐に、犬塚大尉は実施の決意を述べた。

午後四時をまわってだいぶたってから、整備完了が伝えられた。にわかに、あわただしさが増す。大尉が木製の台から「秋水」に乗りこんだ。エンジン主務の持田技師が、これまでの誠意ある協力に感謝して、彼に握手を求めた。成沢中尉と山形少佐搭乗の零式練戦が発進していく。

廣瀬大尉はもういちど犬塚大尉に念を押す。「少しでもおかしく感じたら、まっすぐ不時着水して下さい。沖に待機している船の艇指揮は（兵学校の）七十期と七十一期（犬塚大尉の同期と廣瀬大尉の同格者《コレス》）だから、心配いりません。この機が沈んでも、次のが用意してありますから大丈夫」。同期の絆《きずな》は兄弟以上に強い。どんな無理をしてでも救ってくれるはずだ。

風防を閉めて、静かに時を待つ犬塚大尉。日本初の危険な飛行なのに、前夜から動揺の色はなかった。甲液の流出にそなえて、機の下をホースからの水がぬらし始めた。

橋本中尉は噴射状態を見るため、右舷後方に立っていた。滑走距離を測る役目の高田中尉は二〇〇メートル離れた路側に腹ばいになった。時間記録係の松本（俊）中尉の持ち場は、二〇～三〇メートル離れた試飛行指揮所の前。

発進の指令が犬塚大尉に伝えられた。手先で了解を示した大尉は始動操作にかかる。機側の松本（豊）中尉が、大尉に見せる小黒板の数字（発進までの秒数）を書き変えていく。エンジンスタート用の起動モーターの回転音が聞こえ、尾部から少量の薬液がこぼれると同時に、噴射を開始した。

まだ明るい基地で、発進直前の「秋水」。甲液の漏洩対策に、整備員が路面に散水している。左翼端を持つのは廣瀬大尉。

激烈な轟音《ごうおん》。明るい青緑色とも黄色とも思える炎が噴き出した。左舷後方の篠崎中尉が、圧縮波と衝撃波によって噴炎内に生じた縞模《しまも》様《よう》を確認する。燃焼は順調だ。

車輪止めが払われ、「秋水」は滑走を開始。廣瀬大尉と部下の中野勇上整曹が、両翼端から各々の手を放す。ときに午後四時五十五分。

飛行場の空気を震わせて、三〇〇メートルほどの滑走（高田中尉の計測では二二〇メートル強）で離陸した。わき上がる歓声と拍手。滑走路の側方に離れて立つ飛行長・山下少佐は、離陸成功の白旗を掲げる。

高度一〇メートルで車輪が離れ落ちるのを見た廣

白煙を引き轟音を発しながら、ついに「秋水」は滑走路を離れた。飛行長・山下少佐が白旗を上げて離陸成功を知らせる。

瀬大尉は、犬塚大尉の冷静さが分かってバンザイをした。車輪落下機構のチェックをした橋本中尉らにとっても、歓喜の一瞬だった。

上昇角度は見る人の感覚と位置によって異なり、三〇度弱から四五度までさまざまだ。安定した飛行ぶりで、尾端から炎を出しつつ高速で昇っていく。三一二空、噴進部、三菱の人々の苦心が報われたかに思われた。

高度が三五〇～四〇〇メートル（五〇〇メートルともいう）に達したとき、変化が生じた。異常音とともに噴出口からボッボッと黒煙を吐いて、エンジンが停止。やや機首を上げて右へ右へと旋回し、不時放出弁から白く甲液を吐きながら飛行場の東側を航過して、また右へ機首をふる。

最後に右へひねりつつ上昇反転、飛行場へ進入を試みた。だが機首上げのため失速し、施設部倉庫の屋根の監視塔に右翼端を引っかけて、七メートルほどの高さから墜落した。落下地点は飛行場の南西端の埋め立て地。

もれ出た残留甲液の白煙が「秋水」から湧き上がったが、危険にかまわず三一二空の隊員や救護隊員が駆けつけた。左に傾いて止まった機体の外形は、おおむね元のままだ。座席まわりもひどく壊れてはおらず、頭部を負傷しうつむいたままの犬塚大尉は生きていた。

うわ言を残して

白煙が立ちこめる現場に最初に駆けつけた一人が、発進地点の後方、百数十メートルの位置にいた工藤中尉だった。

落下時のショックのためか半開きになった風防をくぐり、頭部が血だらけの大尉の両肩を抱くようにして、夢中で機外に引き出した。「分隊長!」と呼んでみたが、返事はなく「ウー」と唸《うな》るだけ。他の者が手伝って、いったん地面に横たえた。

墜落現場まで一〇〇メートルたらずの距離を走ってきた白根大尉の耳に、「犬塚大尉、まいった、まいった」と本人がつぶやくのが聞こえた。朦朧《もうろう》としつつも、わずかに意識がよみがえっていたのだろうか。

事故に備えて救護車の中で待機していた救護隊は、遠藤軍医少佐と三一二空および横空の医務科員たち。墜落現場に車を寄せて、後部のドアを開く。担架上の大尉に松本(俊)中尉らが付き添った。

救護車は西へ走り、鉈切山《なたぎりやま》に掘った横穴防空壕の医務室の近くで止まって、裸電球が灯《とも》るせまい病室に運びこまれる。顕著な外傷はないが、耳鼻からの出血や目の周囲の隈など、治療を施しようがない頭蓋底骨折の症状が歴然だった。

やがて柴田司令と山下飛行長が見舞いに訪れた。それまでうわ言のように「申しわけない」「申しわけない」をくり返していた犬塚大尉は、司令の姿を認めたのか「司令、すみませんでした」と言ったようだった。

司令は「なんとかならんのか」と、軍医長の鈴木慶一郎軍医中佐にたずねる。「治しようがありません」との返事を聞いて、一分隊の中尉たちは分隊長の容態のひどさに打ちひしがれた。少しして山下飛行長は病室から出ていった。

「使龍、お前すぐ蒲田へ行け」。司令に龍名を呼ばれた工藤中尉は、基地にもどってサイドカー付きのオートバイを用意させ、蒲田のお光教本部へ走る。高橋妙龍教祖に面会し、試飛行の事故を知らせた。

「すみません」「すみません」。犬塚大尉のうわ言に、司令は「うん」「うん」と静かに答える。医務科としてできるのは、強心剤を打つことぐらいだ。うわ言はしだいに細くなり、翌八日の午前二時ごろに絶命した。

この間、一分隊の中尉たちは二時間交代で二名ずつ付き添い、看護にあたったが、松本(俊)中尉は病室にいつづけた。二歳年長の分隊長を兄のように思い、生きのびてもらいたいと強く念じていたからだ。

明け方の看護にあたるため、横空の士官宿舎で眠れぬまま横になっていた高田中尉らは、北村禮中尉の「分隊長が亡くなった。すぐ来てくれ」の声で寝台を離れ、軍服を着ながら医務室へ急いだ。病室には柴田司令と軍医長など四～五名が詰めていた。

エンジン停止の原因を調査するため、飛行翌日の７月８日に解体された「秋水」。上方へななめに伸びているのは主翼桁。

白布に顔を覆われた犬塚大尉の枕もとで、椅子に座った司令が掌《てのひら》を遺体に向けてかざしていた。現在の気功の手当に似た姿だったという。

やがて司令たちは出ていき、指名されて高田中尉と三角中尉が病室に残った。「秋水」隊以来、飛行科の要《かなめ》であり続けた分隊長を失ったやりきれなさを吐き出すように、「なあ、『秋水』もこれで終わりかも知れんぞ」と高田中尉が語りかけた。

その直後、針金で吊ってあった蚊取り線香がはずれて落ち、カランカランと空き缶を転がすような音が響いた。ほとんど同時に三角中尉が言い返す。

「貴様っ、なんということを言うか！　俺たちがやらんで誰が『秋水』をやるんだ⁉」

高田中尉はすぐに弱気の言葉を反省した。だが、なぜ蚊取り線香がコンクリートの床に落ちて、あんな金属音が出たのか。そのうえ少したって電灯が消え、洞穴なので真っ暗になった。無神論者の高田中尉だが、このときばかりは分隊長の霊が自分を叱っているように感じ、心中で「勘弁して下さい」と謝った。

葬儀の手配を任されたのは松本（豊）中尉。「秋水」発進までの分秒を小黒板に書いて犬塚大尉に知らせた役目の、延長線上の任務と見なされたからだ。

司令の意向か、葬儀は神道に則《のっと》ることに決まった。仏式なら諸道具はすぐに整うが神式は葬儀屋になく、困っていると、三一二空開隊後に着任した同期生に神道系の大学を出た者がいて、しきたりを教えてくれた。松本中尉は竹やぶから竹を切りだし、紙を細工して御幣《ごへい》を作り上げた。

葬儀は九日に格納庫内で催され、白根大尉が儀仗指揮を担当、十数名の儀仗隊が弔砲を放った。横空の手あきの准士官以上に参列の指令が出され、陸軍からも同じ「秋水」を装備予定の特兵隊を率いる荒蒔義次《あらまきよしつぐ》少佐と、次席の有滝孝之助少佐が葬儀に加わった。

未帰還・戦死があいつぐ実戦用のナンバー航空隊はもとより、ときどき戦死者、殉職者が出る横空でも、よほどの重要人物でなければ、単独での部隊葬などやっていられない時期だ。犬塚大尉の葬儀はこの点で、軍のロケット局戦への期待の大きさと、そのテストに殉じた搭乗員の重みを示すものだった。

飛行を論評すれば

「秋水」が発進する前に、整備分隊長の廣瀬大尉、飛行士の清水大尉は、不具合が生じたら不時着してくれるよう念を押した。それにもかかわらず飛行場への着陸を試みた真の理由は、犬塚大尉（殉職後に少佐）しか知らない。

これを推定するのは困難ではない。貴重な試作機を海没させたくなかったのだろう。沈んでしまえば、つぎの試飛行が遅れるし、故障原因の探求もできなくなる。着陸決行はテストパイロットの使命感のなせる業《わざ》と言ってもいい。

ゆるい第二旋回を終え南下にかかった「秋水」を見て、柴田司令は高度の低さから「これはちょっと無理だな」と思ったが、まだ希望を持っていた。第三旋回後、飛行場の南側の台地を西進中に「今だ」と第四旋回のタイミングを見切った。しかし、実際の操作は二秒遅かったと司令は判断した。この二秒の遅れがもたらした高度の低下が事故に直結した、という考えだ。

柴田大佐と同様に、飛行長の山下少佐も戦闘機乗りの出身で、兵学校が八期後輩なぶん若いだけに、日華事変はもとより、ラバウル、ソロモン方面の航空戦にも空中指揮官として加わっていた。司令の乗機が操縦の容易な九三中練と九〇機練なのにくらべ、少佐は零戦で移動し、三一二空で零戦による実戦経験をもつ唯一の人物だった。

昭和五十四年（一九七九年）に取材したおり、筆者の問いに山下氏はこう答えている。

「犬塚大尉を殺してしまったあとになって、自分が試飛行をやるべきだった、と思った。『秋水』でせまい飛行場に降りるには、母艦着艦の経験が必要だからです」

三一二空の首脳二人の意見は、表現は異なるが「うまく行なえば着陸成功の可能性はあった」との内容を含んでいる。この点を検討してみよう。

犬塚大尉は飛行学生として、霞空、ついで博多空で二座水偵の操縦教育を受けた。飛行学生卒業後は霞空教官を一年間務め、昭和十九年九月に横空に転勤。陸上機への転換訓練を受けてから、百里原派遣隊すなわち「秋水」隊に着任した。したがって、殉職するまで実戦経験はない。

昭和二十年なかば、飛行学生を終えて二年弱の彼ら（兵学校七十期、三十八期飛行学生）は、新人飛行隊長か先任分隊長の職にあった。人材の豊富な開戦時なら中級程度だが、戦争最末期においてはベテランの仲間に入りかけるキャリアである。主務テストパイロットとしてはやや力不足、といったあたりが公平な見方だろう。もちろん個人差があって、犬塚大尉は落ち着いた性格がプラスに作用していたと思われる。実戦経験の有無は、性能テストを行なうことにはあまり影響を及ぼさない。

軽滑空機の搭乗回数が最多で、部隊でただ一人の重滑空機搭乗者。犬塚大尉をこえる経験者がいないのだから、「秋水」の初飛行は彼に任せる以外にない。司令や飛行長がグライダー訓練に乗り出したうえでならともかく（司令は年齢オーバーで出馬は無理だが）、エンジン

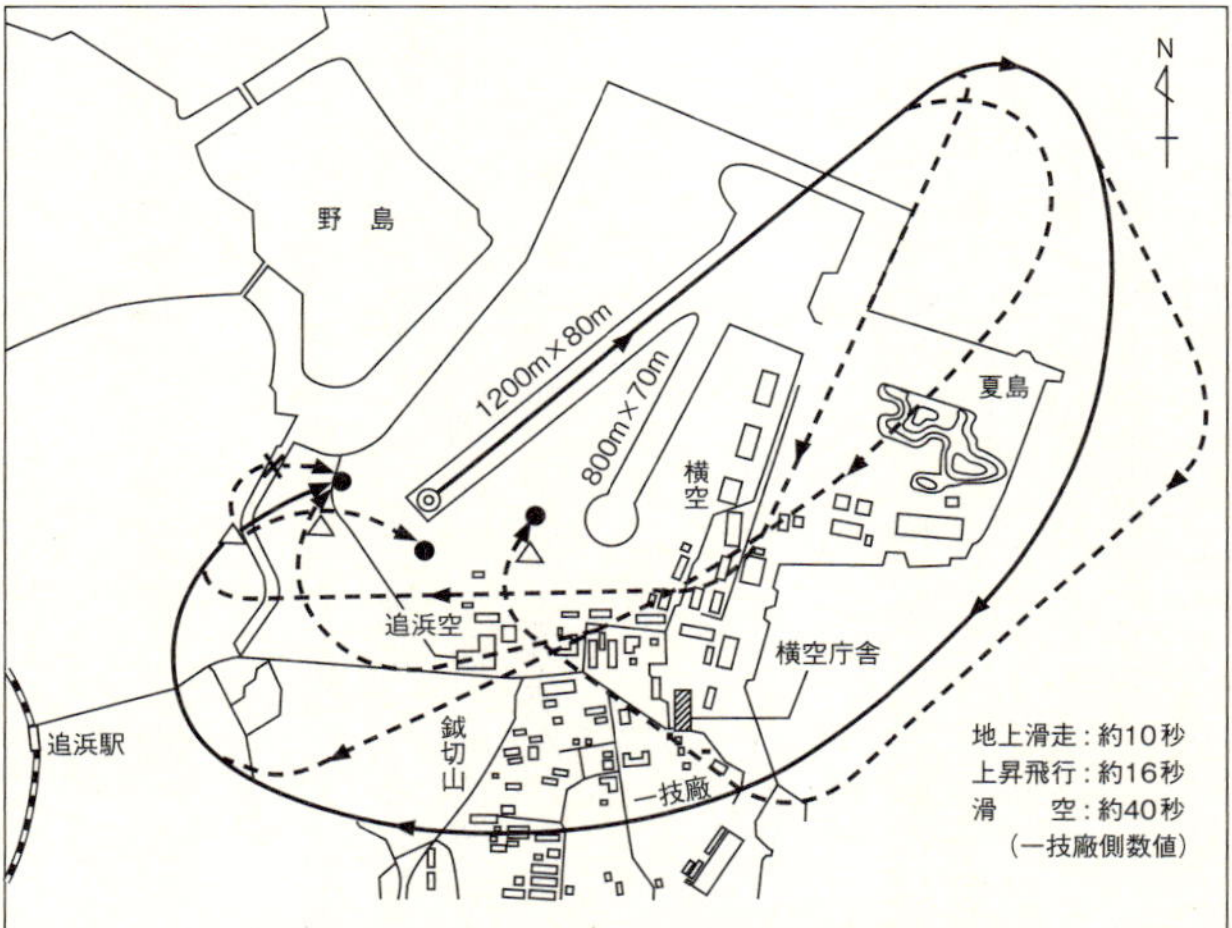

「秋水」の飛行経路。当然ながら目撃者によって記憶が異なり、実線が最大公約数的な経路だ。そのほかに破線のような回想もあった。◎は発進地点。墜落地点の●と、右翼端が当たった倉庫の位置△にも記憶の差が生じた。

停止後の飛行に対する二人の感想は、あくまで評論の範疇《はんちゅう》である。

前代未聞のロケット動力という条件を考慮に入れて、この飛行は充分に合格点を与えていいだろう。同期の誰が操縦桿を握っても、犬塚大尉を凌駕《りょうが》するのはきわめて困難だったと思う。精神的動揺の克服力を含めて。

だが、トップ二人の意見に汲《く》むべき点がないわけではなく、それは「秋水」の飛行特性の不なれに結びつく。本物に乗る前に「沈みの大きな重滑空機に乗り続けていれば、もっとよかったのでは」と松本（俊）中尉が感じたように、一〇回ほども重滑空機を飛ばしていたなら、より早く第四旋回をうって飛行場に滑りこめたのではないか。

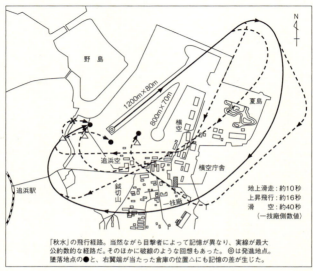

試飛行時の「秋水」の重量二四五〇キロに対して、一〇四〇キロでしかないけれども、張りぼての軽滑空機よりは速度も沈みもよほど実機の感覚に近い。

重滑空機の飛行は一月上旬だ。時間が充分にあったのに、犬塚大尉はなぜ一回だけで止めてしまったのか。

ほんとうに軽滑空機で代用できると考えたのか。代用には難点があるが、生産が容易で、重滑空機の材料と生産力を「秋水」へまわせるなど、軽滑空機を使う利点の方が大と判断したのか。着陸後の制動ショックが、軽滑空機よりもひどかったためか。あるいは自身の考えではなく、例えば航空本部がそう望んだのか。いまとなっては確固たる理由を判別しがたい。

主因はタンクに

試飛行失敗の最大の要因がエンジン停止にあるのは明らかだった。飛行状態を16ミリのシネカメラに収めていたので、三一二空と第一技術廠の関係者が映像を見て検討会を開いた。

エンジン停止の主な原因に考えられたのは、甲液五〇パーセント（満載一一五九リットル／一五七六キロに対し五八〇リットル／七九〇キロ）、乙液三〇パーセント（満載五三六リットル／四六六キロに対し一六〇リットル／一四〇キロ）だけを搭載したための燃料切れ、エンジン本体の故障または破損、などだ。

七月八日、損傷した「秋水」をバラバラに解体し、薬液タンクや動力部の構造・破損調査を始める一方で、篠崎中尉ら整備科の士官五名ほどが、甲液量二分の一の影響を調査した。

篠崎中尉たちは、夏島の横穴格納庫にあった整備研究用機器材の同型の甲液タンクを用い、試飛行時の甲液と同じ五八〇リットルの水を入れた。16ミリ映画から割り出した飛行時間、上昇角度、燃料消費量のデータに沿い、加速によるG（一技廠噴進部は〇・三Gプラスと算出）などを勘案しつつ、タンク内の水を抜いていく。

外板をはがされて露出した胴体中央部の甲液主タンク。右が機首方向で、タンク前方上部から出た筒が風防の後方に設けられた注入口だ。周囲をシートで囲んである。

上昇角度にややプラスして傾けたタンクの水面がしだいに下がり、エンジン停止までの二十数秒ぶんを抜いたときに、タンク底面の前縁部中央に設けた薬液取り出し口が水面から露出した。残留の甲液は流れなくなり、かわりに空気が供給されてしまうわけだ。これが噴射の止まった原因と考えられた。

調査の結果はただちに三一二空司令部に報告された。柴田司令は査問委員会の開催を命じ、部隊幹部、廠長・和田中将ら一技廠の首脳部と噴進部および科学部メンバー、それに横須賀基地に滞在中の三菱の技師たちを一室に集めた。陸軍特兵隊の幹部も加わっていたという。

一技廠側による破損機の調査で、補機類には顕著な異常は見受けられなかった。エンジン本体については、燃焼室の薬液噴射弁一二本のうち、甲液噴射弁の一本に一部折損があったが、墜落時の衝撃で生じた可能性もあった。

査問委員会責任者、三一二空隊付の西村大尉が、エンジン停止の原因として甲液タンクの取り出し口を指摘し、理由を説明する。三菱の設計技術をなじる声が上がった。

これに対し、機体設計の責任者である高橋技師が立ち、弁解をいっさいせず「いまのご説明のとおりと思います。申しわけありません」と詫びた。この率直な言葉で、とげとげしい雰囲気がやわらいだ。

続いて立ち上がり、意見を述べたのは柴田大佐だ。今回のような重要な試飛行をせまい横空基地で行なったことと、燃料を半量以下しか積まなかったことが失敗の原因であり、その責任は司令たる自分にある旨を述べた。彼の自責発言で異論はすべて収まってしまい、次の試飛行を一日も早く実施するのを目標に、会合の幕が引かれた。

三菱側のエンジン設計主務の持田勇吉技師は、回想記に柴田司令の言葉が「感銘深かった」と記している。確かに責任を転嫁しない姿勢はいさぎよいが、実際に自責発言のとおりだったのではないのか。

基地選びの問題点

柴田氏は回顧録のなかでこう述べている。

「エンジンの状態は、今日よかったからといって明日はどうだか分からない、というありさまだったので、激化した敵空襲下、悪路を予定の厚木基地まで運ぶことはエンジンを壊しに行くようなものだ、壊れたらいつ飛べるか分からない、というわけで、（中略）犬塚大尉と何回もじっくりと話し合った結果、燃料を半分にして横空基地から飛び上がることにした」

「エンジン不調その他の事故が発生した場合は、（中略）東京湾の中の都合のいいところへ着水したほうがもっと安全だ、ということになった」

また、平成二年（一九九〇年）に柴田氏は、柏飛行場と「秋水」について詳細な調査を実施した、高校教諭の小野英夫氏のインタビューを受けて、こう回答した。

「最初は、広くて離着陸に都合がいい厚木基地で飛ぶ予定だった。しかしエンジンが、朝は好調でも夜には故障する状態なので、厚木に持っていって悪くなる恐れがあった。長官（職名不詳）が見にきて、飛べなくては困る。そこでエンジンが好調なときに電話して来てもらうことにした。それには横須賀が都合がいい。滑走路が短いので燃料を半分にした」

回想と談話の内容は、理屈はとおっている。だが、横須賀基地の選択は失敗に備えるムードが濃い。成功を前提にするのなら厚木基地を選ぶのが自然で、積極的な手腕を発揮してきた柴田大佐の性格からもそう思える。

薬液を半量以下にした措置は、この点だけを見れば落ち度とは言えない。試作機は離陸が容易なように、燃料を減らした軽荷重状態で試飛行を行なうものだ。満タンにしていたらエンジンは止まらなかった、というのは結果論で、タンクの設計のまずさとは分けて考えられねばならない。

柴田氏の回顧録には「神々」の語は出てくるが、「お光教」に付いての記述はない。けれども彼が蒲田で「飛行場は横須賀」「飛行機を軽くせよ」のお告げを受け、それが厚木基地からの変更と薬液量半減に、大きく作用しているのは間違いないだろう。犬塚大尉も信者だから、この決定に異論はなかったと思われる。

三一二空の隊内では、「試飛行について司令が蒲田の神様にお伺いをたてにいった」と言い合われた。これが試飛行の失敗につながったため、「神様のお告げもあてにはならないな」と感じる者が少なからずいた。

「飛行場の決定は、部下や関係者の意見を聞いたうえで、司令自身の判断でなされるべきだった。

耐えてきた半世紀

横須賀基地の東端、夏島の横穴壕の前に立って、エンジン停止後の「秋水」の滑空を見上げた、日本飛行機・山形製作所の寺岡技手補見習に、まもなく（八日?）日飛製一号機の至急改修が命じられた。それは、甲液タンクの取り出し口を後方へずらす処置ではなく、単に同タンクからの送液管を太くするだけのものだった。この時点ではまだ、エンストの原因が確定していなかったのだろう。

甲液タンクの構造上の悲劇は、強い機首上げ姿勢時に、半量の液面が底部前縁の取り出し口から離れる、という単純な現象に気づく者がいなかった点にあった。送液管がタンクの内部を通っていて外から見えないのも、注意を及びにくくした。

取り出し口の位置は三菱の設計上の不手際、しかし最終的責任は柴田大佐の配慮不足とし、タンクの構造を改修することで落着を見た。それから五〇年ののち予想外のクレームがつこうとは、誰ひとり思い至るはずがない。

平成七年（一九九五年）一月、かつて査問委員会の責任者を務めた西村氏に、一通の手紙が届いた。差出人は元三菱技師で、タンクを設計した豊岡隆憲氏。「タンクの取り出し口の位置は三菱側で決めたものではない。横空、空技廠の関係者と三菱の海軍機担当テストパイロットが、Ｂ－29の防御武装を研究した結果、従来の常識の後下方攻撃ではなく、後上方攻撃に決定。これに従って取り出し口を配置した」という内容の、いわば抗議文だった。だが、担当技術者の告白だからと、この手紙を鵜《う》呑《の》みにはできない。

まず攻撃法について。敵機の後方、より高い（低い）位置から射撃を加えるのが後上方（後下方）攻撃だ。戦闘機隊の基本攻撃法は従来から、後下方ではなく後上方攻撃であり、対双発、対四発の場合も同じだった。Ｂ－17、Ｂ－24の強力な弾幕を知ったのち、速度差が小さくて防御機銃に狙われやすい後上方にとってかわる、逆落としの直上方攻撃を案出したのが昭和十九年の夏。三菱で「秋水」の試作を始めた八月には、重爆に直上方が有効なことは横空の戦闘機搭乗員の常識になっていた。

ところがB－29の推定常用高度は一万メートル。直上方攻撃を用いるには一万一〇〇〇メートルまで上がらねばならず、既存の戦闘機では性能限界をこえてしまうので、前下方攻撃に切り換えた。その点、ロケット動力の「秋水」なら、航続力と搭乗員の耐久力の範囲内であれば、前下方攻撃でなくても対応が可能だ。

打ち上げ花火的な「秋水」に、目測を誤れば体当たりになるきわどい直上方攻撃はこなしきれないし、反航（向き合う）の前上方攻撃では相対速度が速すぎて命中弾を与えがたい。高速飛行の「秋水」なら後上方攻撃の場合でも、B－29との速度差は三〇〇キロ／時ほどにもなるため、既存機がこうむる危険は考えなくていい。

後上方攻撃は機首下げ姿勢をとるから、薬液取り出し口が底面前縁にあるのは理屈に合う。豊岡氏の論拠はここにあるわけだ。

「秋水」の航続時間の推算値は、高度一万メートルまで三分三二秒、その後九〇〇キロ／時の水平全速飛行で一分一五秒（七〇〇キロ／時に落とせば二分五秒）、合わせて四分四七秒だ。粗《あら》い単純計算で、半量の甲液で二分二三秒の全速飛行ができる。

甲液半量搭載の試飛行のさい、エンジンは二六秒ほど（一技廠の計測）で止まった。これと二分二三秒を足した約二分五〇秒が、取り出し口が底面前縁にあるタンクを用い、甲液を満載して上昇した場合の全速飛行時間だ。この航続力では一万メートルへの到達すらかなわず、高度七〇〇〇メートルあたりを上昇中にエンストに陥る。すなわち、取り出し口の位置は後上方攻撃をかけるため、とする豊岡氏の主張は基盤を失うことになる。

もし彼の言うように海軍側の要求だとしたら、三菱の機体設計陣の誰かが戦後にかならず表明するはずなのに、そうした手記は一例もない。早くに逝去した主務の高橋技師は、昭和二十一年に「秋水」に関する彼の唯一と思われる記録を残したが、その中にさえタンクに関しては「全く遺憾の極みなり」と書いている。それどころか、豊岡氏自身がかつては、延々と続いた試運転による燃料消費がエンストの原因ではないか、と述べているのだから、まことに奇妙だ。

豊岡氏が筋の通らない抗議の手紙を西村元大尉に送ってきたのは、老齢による記憶の混同でないならば、五〇年にわたって背負ってきた重荷を、他界する前に切り離す目的だったとも受け取れる。

なぜ甲液が全量の五〇パーセントなのに乙液が三〇パーセント（ともに三菱側の数値）だったのか、発進直前の正確な搭載薬液量は何リットルか、乙液の少なさがどんな影響をもたらしたのか、など、取り出し口以外に疑問の点はいくつかある。

事故後の動き

犬塚大尉の後任として第一分隊長の辞令を受けたのは、飛行士・清水大尉。大尉に進級してまだ一ヵ月あまり、他部隊の同期生たちに先んじる補職だが、一分隊の一六名の中尉たちを率いうるのは彼しかいなかった。

司令と飛行長につぐ元来の戦闘機搭乗員が清水大尉なのだ。練習担当の六分隊長の山崎大尉は犬塚大尉と同期だが、まだ零戦をこなしきれず、グライダーの訓練も進んでいなかった。これにくらべて一期後輩の清水大尉は、元山空の教官当時に難物の「雷電」にも乗ったことがあり、ソアラーのほかに一回だけだが軽滑空機で飛んでいた。

二回目の試飛行は自分にまわってくるだろう。「秋水」の発進をすぐ横で見送り、病室で犬塚大尉に付き添って、ロケット機の危険性を実感したけれども、搭乗を厭《いと》う気持ちはまったくなかった。実戦での成果に疑問はあったが、海軍の大きな期待にこたえるために、なんとしても実用化を成功させねば、と新分隊長は決意を固めた。

横須賀基地に「秋水」は何機来ていたのか。篠崎中尉は夏島の北側の横穴格納庫で三機を確認しており、そのうちの一機が試飛行に使われた。また、柴田氏も「終戦時に二、三機あった」と回想するところから、三菱側が三機（うち一機喪失）、日飛・山形製が一機、それぞれ搬入されていたのは間違いない。

三菱機とは別の横穴組み立て工場に置かれた、暗緑塗装の日飛機が、進空する光景を思い描きつつ、寺岡技手補見習はロケットエンジンの搭載を心待ちにしていた。

二回目の試飛行の使用予定機が三菱製なのか日飛製なのかは判然としないが、そのエンジンの領収試験が山北の実験場で七月十五日の夜に実施された。薬液搭載をはじめ、実験の準備作業を三一二空の二分隊員が受け持つため、廣瀬分隊長も実験場に来ていた。

エンジン試運転時の噴射は実機の発進時と同様にすさまじく、地面が激しく震動する。実験関係者は不測の事態に備えて、一五〜二〇メートル離れた観測壕から顔を出して見守った。

午前十一時ごろ、ピークに達した音と震動のあまりのすごさに、思わず一人が立ち上がった。一週間ほど前に山北に着任したばかりで、実験になれていない正田技術大尉だ。

となりにいた廣瀬大尉が引きもどそうとしたとき、燃焼室が爆発し、飛んできた破片が不運にも正田技術大尉の頭部を直撃。治療不能の重傷を負い、そのまま殉職した。この事故がエンジンの領収を遅らせたのは言うまでもない。

海軍の試飛行に続くのは、長野県松本の疎開施設でエンジン試運転に成功した陸軍の番だ。七月下旬に特兵隊長・荒蒔陸軍少佐が、霞空基地に重滑空機を受け取りにきた。ベテラン沢田少尉（五月に進級）の操縦する「天山」一二型が柏飛行場まで曳航し、同地で滑空訓練に協力。「天山」および重滑空機の整備指揮をとるため、橋本壮中尉が派遣された。

この重滑空機には、荒蒔陸軍少佐に続いて伊藤武夫陸軍大尉が搭乗し、トラブルが生じて破損、大尉は重傷を負う。橋本中尉はその前に熱病にかかって、敗戦の日までの半月あまりを、松戸の陸軍病院のベッドですごさねばならなかった。

増える人員、変わる戦法

五月から七月にかけて予備学生、予備生徒出身の士官搭乗員、予科練出身の下士官搭乗員たちが、「秋水」操縦要員として霞空基地に着任してきた。専修機種は艦上爆撃機、水上機、戦闘機とさまざまだった。

それまで九九式艦上爆撃機による実用機教程にあった者にとって、すでに感覚を忘れかけた赤トンボ・九三中練の操縦桿の軽さには違和感を覚えた。互乗で「力」型ソアラーを引くのにも、射撃訓練を行なうのにも赤トンボを使う。零戦は数が足りないし、戦闘機専修者以外は慣熟飛行が必要だからだ。

九三中練は武装なしだから、射撃訓練に使うには機銃を取り付けねばならない。白根大尉の指揮で、兵器整備分隊がこれを担当。同調装置を要するプロペラ圏内からの発射は無理なので、上翼の上に九二式七・七ミリ旋回機銃一梃を、苦心のすえ五〜一〇機に固定装着した。五月ごろのことだ。

この改造中練の試射を高田中尉がやってみた。吹き流しの曳的を引く役目の中練と同じ速度なので、接近するのもひと苦労。ようやく距離を詰め、これも臨時装備の射撃照準器を使って撃ってみたが、不なれもあって芳《かんば》しい成果は得られなかった。機首あるいは主翼に付けた機銃と違って、マイナス射角が大きいから、射距離を正確にとらないと照準を合わせても命中しないのは仕方がない。

七月上旬、防空戦闘の本場である厚木基地の三〇二空から、予備学生出身の士官五名と甲飛予科練出身の下士官二名が転勤してきた。前者は零戦分隊、後者は「雷電」分隊にいたから、零戦の操縦は問題なくできるし、射撃訓練も技倆保持の範囲でやればいい。彼らに必要なのは、未経験のグライダー滑空訓練だ。

三〇二空から来た栗坂伸三中尉は二式中練が曳航するソアラーに乗り、高度二〇〇〇～三〇〇〇メートルから滑空降下する訓練だけを合わせて五～六回実施した。ソアラーには操作になれた同期生（一分隊の一六名の中尉たちと思われる）が同乗してくれたが、零戦とは異なる操縦感覚にとまどった。

厚木で「雷電」の搭乗割に入り、鹿屋基地に進出して南九州防空戦を戦った村上義美上飛曹。失速が早く沈みの大きい「雷電」が愛機の操縦員は、確かに「秋水」向きと言えた。九三中練に満足に乗れない予科練の後輩たち三〇名ほどが、ソアラーの教育を受けており、いっしょに着任した中尉の一人から「えらいところへ来た。乗機はロケットで、脚がない。発進したらそれまでだ」と教えられた。

「『秋水』は三分半で一万メートルまで上がる。攻撃時間は一分半で、B－29を二回、反復攻撃できる」。栗坂中尉が聞いたこの情報は正確だ。そして「十一月ごろには実戦配備につく。三号爆弾を積み、敵編隊内で自爆攻撃」といううわさも耳にした。

十一月の実戦配備はともかく、三号爆弾を付けての自爆攻撃は間違いではなかった。三号爆弾とは、鉄片と黄燐から成る多数の弾子を詰めたコンテナで、敵編隊の上空で炸裂させ弾子を傘状に散らす空対空爆弾だ。

「秋水」の試飛行前後のころ、一分隊の中尉たちに飛行隊長・山形少佐が「Ｂ－29攻撃法をまとめてくれ」と言った。提出した者もしなかった者もいたが、松本（俊）中尉は「敵の死角である前下方三〇度から第一撃を加え、上方へ突き抜けたのち後上方から第二撃。燃料が余っていたら不時着地をさがす」との案をまとめた。実際には、前下方攻撃では死角を衝《つ》けず、機首下面の銃塔にねらわれるが、確かにこれが典型的な攻撃パターンだろう。

それからほどなく、霞空基地も敵小型機の目標にされて危険なため、基地の西方一キロの烏山と呼ばれる丘陵地帯に作った、半地下式の三角兵舎へ、七月なかばに引っ越した。このあとまもなく、士官搭乗員を集めた会議で「秋水」への三号爆弾搭載が取り上げられた。

この戦法はすでに、横空百里原派遣隊のころに一案として出されたといわれ、また艦攻「天山」操縦の千木良中尉らが、自分たちが「秋水」に乗るときの兵装にしようと、山形飛行隊長に進言した策でもあった。ただし千木良案は三号爆弾ではなく、通常の爆弾を機首に内蔵した機で体当たりをめざすのだが。

こうした既存の意見を参考にしたのかどうかは分からないが、異色戦闘機での異色特攻戦法を否定する声は上がらず、議案納得のかたちで会議は終わった。

自爆やむなし

山下飛行長は自身の戦闘経験をふまえて、高速なうえにすぐ燃料が切れるロケット局戦では、よほどの慣熟者でないかぎり命中弾を得られまい、と考えていた。

この判断は正しい。ドイツ空軍有数の辣腕《らつわん》パイロットだったアドルフ・ガランド氏に、筆者が「Ｍｅ262ジェット戦闘機で戦うとき、最も困難な点は？」とたずねたら、返事は「高速ゆえに照準を合わせにくいこと」だった。まして、さらに一〇〇キロ／時も高速の「秋水」においてをや。

弾丸が当たらないなら爆装による特攻を研究しなければ、と飛行長は考えた。数日たってもういちど士官搭乗員を呼び集め、Ｂ－29編隊中に突っこんで三号爆弾のボタンを押し自爆する戦法の、採用を通達した。飛行長の独断でこんなことは決めがたいから、柴田司令に諮《はか》ったうえでの結論と思われる。

爆弾の重量は、山下氏の回想では三番、すなわち三〇キロだが、六番／六〇キロと記憶する者もいる。三号爆弾には三番（九九式）も六番（三式）もあり、それぞれ八五グラムの弾子一四四個、一〇〇グラムの弾子二七〇個を内蔵する。

ところが三番は散開点から七〇メートル先での弾子密度が五〇平方メートル（約七メート

ル四方）あたり一個、六番は八〇メートル先で五〇平方メートルあたり一個だ。これでは容易に命中せず、一個当たれば超重爆が落ちるといった威力もないため、生命と引きかえに絶好の位置で炸裂させても、無為に終わってしまう可能性が少なくない。千木良中尉案の爆装体当たりのほうが、撃墜できる可能性が高いだろう。

山下少佐は特攻推進派ではない。三三二空飛行長のとき、要請によりかたちだけ特攻要員の志願をつのり、熱望者の名前をにぎりつぶして「該当者なし」と司令に報告した。また、P－51D「マスタング」戦闘機との空戦のような、勝ち目のない戦いを避けて逃げるよう、搭乗員に訓示している。

その彼が「秋水」に自爆戦法を採ったことが、この機の使いにくさを端的に示す。たとえ機体と動力が完調な状態に達し、地上施設が完備しても、搭乗員が「秋水」を乗りこなし、防御弾幕をくぐって、一梃につき五〇発しかない三〇ミリ弾をB－29に当てなければ、無意味な機材になってしまう。そして燃料が切れたあと、P－51の追撃をふりきり、無事に「秋水」用の飛行場に降着できて初めて、二回目の出撃ができる。

通常の戦闘機だったら、また彼我の戦力差がさほどひどくない時期なら、新人をベテランの編隊に配して、空戦のなんたるかを逐次教えていける。しかし「秋水」は編隊機動をとらないから、他機が危機に陥っても救いようがない。そのうえ日本本土の制空権は敵に握られていて、対戦闘機戦では優秀機「紫電改」に腕利《うでき》きが乗っても自分を守りきれない。

昭和二十年の七月といえば、誰もが本土決戦を覚悟し、全軍特攻の方針が固まっていた。戦況と機材の特質、搭乗員の訓練状況から、山下飛行長が（柴田司令も）「秋水」の自爆戦法を採用したのは、むしろ必然だったとも言えよう。

犬塚大尉の殉職後も、一六名の第一分隊士たちの「秋水」に対する熱意は衰えず、松本（豊）中尉は「俺たちがあとを継いで、一〇〇パーセント成功させるのだ」と思い続けてきた。だが戦法の転換は、彼らの心境に少なからぬ変化をもたらした。「せっかく育てた飛行機が、こんなふうに使われてはもったいない」と高田中尉がガックリし、しらけた気分を味わうのも仕方がなかった。

再度の機会は来らず

「秋水」の試飛行の一～二日後、整備分隊士の篠崎中尉は分隊長（廣瀬大尉か金杉大尉？）から「貴様は化学屋だったな。厚木へ行き、薬液をやれ」と命じられた。前川大尉が指揮をとる燃料関係の厚木派遣隊では、同期で応用化学出身の塩谷益郎中尉が勤務していた。

基地の主《ぬし》たる三〇二空の庁舎の北方向に、空輪部隊一〇八一空の小ぶりな庁舎がある。三一二空に来る前にこの部隊で勤務していた篠崎中尉にとって、勝手の分かった場所だ。その近くに建つ古いバラックが派遣隊の兵舎にあてられ、一〇〇名ほどが詰めていた。

この地域と飛行場とのあいだが低地で、飛行場側の斜面に横穴を三ヵ所掘り、一基ずつ三基の薬液タンク（一基だけともいう）を入れていた。穴掘りやタンクの据え付けは一技廠施設部の仕事だが、手不足なので派遣隊が応援した。前川分隊長、工藤中尉、塩谷中尉以下の派遣隊の任務は、薬液および施設の管理と、薬液使用時の輸送など。しかし肝心の薬液はいまだ、ろくに届いていなかった。

七月のなかば、派遣隊を訪れた三〜四名の軍令部参謀に、ビーカーに別々に入れた甲液と乙液を見せると、「どんなふうに燃えるんだ?」と聞く。うまい実験方法を思いついた篠崎中尉は、トタン板を曲げて樋《とい》にし、先端部を折り返して薬液溜《だ》めの凹部を作った。まず乙液二〇〇ccほどを凹部に入れ、続いて甲液三〇〇ccを樋の上方から流しこむ。両液が触れた瞬間、バリッと轟音がして爆発。参謀たちは「すごいものだな」と驚嘆した。

行動半径が局限された「秋水」の基地は、全国各地に必要で、同じ数だけ薬液貯蔵施設を作らねばならない。八月に入ってまもなく、前川大尉は山下飛行長が操縦する零式練戦に乗って、「秋水」配備候補にあがった愛知県の岡崎空へ基地調査に出かけた。

自動車を用意してもらい、基地の周辺を走って、薬液タンクの設置に適した地形をさがす。二〜三日後に飛行長が練戦で迎えにきた。一週間ばかりのち、こんどは双発の零式輸送機で長崎県の大村基地へ調査に向かう。

八月一日の夜は、前川大尉のいる厚木基地でも、訓練基地・霞空の三一二空派遣隊でも、ひと騒動が起きた。

伊豆大島の南三〇キロに上陸用の敵船団三〇〇〇～四〇〇〇隻が北上中、との情報が大島見張所から伝えられ、実施部隊のトップ機構である海軍総隊司令部は「決三号作戦警戒」を発令。これは本州東部における本土決戦態勢への移行を意味するから、関東所在部隊はあわてて当然なのだ。

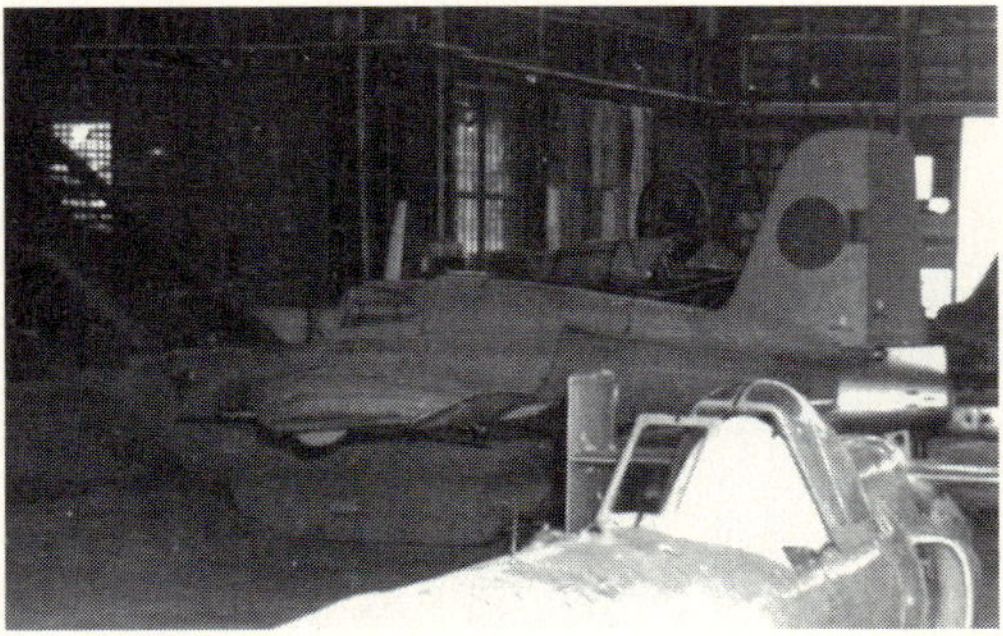

敗戦後まもなく横須賀基地の格納庫内に置かれていた、試飛行の機とは別の三菱製「秋水」。手前は特攻機「桜花」二二型。

外出していた三〇二空から転勤の栗坂中尉が、霞空内の士官舎に帰隊すると、皆が衣類を新しいものに替えている。微力なりとも陸戦隊を編成し、軍刀や小銃を武器に斬りこむ準備だ。中尉もあわてて着がえを始めた。

結局、大島見張所が海面の夜光虫を船の灯火と見間違えたと分かって、あっけなく片がついた。そもそも「大島島空襲」の暗号を「大島空襲」と誤って翻訳し、これにおびえた老練な見張員が誤認してしまったのだ。裏を返せば、米軍がいつ関東への上陸を開始してもおかしくない、まったくの劣勢状態にあったのが要因とも言えよう。

廣瀬大尉以下の二分隊と三菱技術陣の努力によって、

「秋水」の完成機は合計５機といわれる。護衛空母に積まれてアメリカに運ばれた１機が、イリノイ州グレンビュー海軍基地に放置されたまま朽ちていく。右翼のスラットは開状態だ。

横須賀基地・夏島の横穴格納庫では「秋水」の第二回試飛行の準備を終えていた。エンジンについては、山北実験場での試運転をすませて機体に取り付けずみだったとも、いまだ山北で調整段階にあったともいわれる。

試飛行の日取りは、八月二日が五日へ、さらに十五日、十八日、二十日と、うわさを交えて次第にずれこんでいった。

八月十二〜十三日に廣瀬大尉は山北へ出かけ、新一分隊長の清水大尉も同地に滞在して十五日を迎えた。正午に天皇の重大放送があるというので、トラックとサイドカーで横須賀へ向かったが、鎌倉まで来て時間がなくなり、廣瀬大尉の同期生の実家に寄ってラジオに耳をすませた。

清水大尉が帰ろうとしていた霞空では、敗戦、降伏を告げる放送を全員がそろって聴いた。横須賀で二〜三日は茫然《ぼうぜん》自失の観があった柴田司令は、霞空に来て部隊の解散を命じたのち、士官搭乗員への訓示で「これでよかったと思う」と述べた。

さまざまに受け取れる言葉だが、千木良中尉は「『秋水』特攻で戦死するはずの多くの命が救われたこと」と理解し、深い感銘が胸に残った。

秋水一閃——全軍の期待を負った降魔の剣は、ひとたびきらめいて折れ去った。しかし六十余秒の飛行は、犬塚大尉をはじめとする三一二空の隊員、設計・製作、支援に関わった人人の意志と努力を、航空史に主張し続けるだろう。

零戦指揮官はストレート
——信念のままに広大な戦域を飛んだ

三十余年間の取材活動中に、さまざまなキャリアの空中指揮官に話を聞いた。海軍の場合、その多くが飛行隊長または分隊長で、個人戦果よりも組織的運用を重視する回想の、奥行きの深さに興味がつきなかった。

諸種の理由から、搭乗機種別では零戦の指揮官が最多だ。もはや他界した彼らの、とりどりの語り口はいまなお耳に残るが、とりわけ切れ味あざやかなのが岡嶋清熊さんだった。

早くも意志力を発揮

「清熊」は「きよくま」と読むのが正しいが、「海軍に入って、言いにくいので（音読みの）『せいゆう』にしたんです」と説明してくれた。「清」は父の名から一字をもらい、生地の熊本から一字を取った。

昭和七年（一九三二年）四月に入校の第六十三期兵学校生徒は、十一年三月に卒業した。飛行機乗りになりたい岡嶋少尉は、希望どおり十二年十月から第二十九期飛行学生に進んで複葉の赤トンボで七ヵ月。艦上戦闘機専修の指名を受け、大分県の佐伯航空隊で修補学生として、旧式実用機の九〇艦戦と九五艦戦による延長教育を受けた。

十三年十月、新鋭機・九六式一号艦戦の操縦訓練のため、大村航空隊に移る。九〇艦戦の良好な運動性を維持したまま、エンジン出力を高めて速度を上げた九五艦戦に比べて「九六戦（「艦」を入れないで呼ぶのが通例）がずっと速い。小回りのような運動性だけをとれば九五戦で、機動時も安定感がある。九六戦は鋭敏、次元が違う」。一方的に九六艦戦をひいきせず、「それぞれの特徴を活かせばいい」と判断した。

初の実施部隊は、十一月初めに着任した華中・漢口の第十二航空隊。半月後に中尉に進級した。「飛行隊長の小園《こぞの》（安名《やすな》少佐）さんに、九機ぐらいのなかに入れてもらって」安慶攻撃に向かったのが初陣だが、敵機は出てこなかった。このころ華中の航空戦は低調で、以後も中国機と交戦の機会はなく、上空哨戒などで一年がすぎていく。

漢口を流れる揚子江の下流、九江に不時着した先輩の岡崎兼武中尉を、助けようと強行着陸。敵兵が掘った溝に主脚を取られてひっくり返り、風防ガラスで耳を切って初の負傷を体験した。また、追われる立場を追う立場に変えるひねりこみを、下士官から教わったのも十二空時代だった。

十四年の十一月に筑波空へ転勤。職名は指導官付、つまり教官である。飛行学生の操縦教育は霞ヶ浦航空隊と決まっているが、三十三期だけは筑波空が担当した。日華事変での士官搭乗員の損耗を埋めるため、海兵六十六期の搭乗要員予定者の一部を、半年早く訓練することになったのが理由だ。霞空《かすくう》はまだ三十二期飛学が訓練中だから、使えなかったのだ。

昭和13年（1938年）9月、佐伯基地で修補学生の訓練時に九五式艦上戦闘機に搭乗した岡嶋少尉。運動性に秀で、速度もそれなりのこの機で特殊飛行と空戦機動を学んだ。

岡嶋中尉の着任からまもなく、三十三期飛学二九名が筑波空にやってきた。まず凧《たこ》のような三式初歩練習機（学生は後席）からスタート。初練が終わるころに、上手《うま》いか下手《へた》か、つまり素質の有無が分かる。続いて、のちに赤トンボのニックネームをもらった九三式中間練習機（学生は前席）へ移行した。

岡嶋中尉の教官ぶりはどうだったのか。学生二九名のひとり、日高盛康さんの回想は的を射る。

「きびしい人でした。赤トンボで飛行中に、後席から竹で叩かれた。しかし鍛えられて、希望だった空母の零戦に乗れたのは、岡嶋さんがピックアップしてくれたおかげです」

十五年六月二十九日に三十三期飛学は卒業し、実用機を学ぶため大分空へ移る。なんと岡嶋中尉も同日付で大分空に転勤だから、三十三期飛学の面倒をみる役目なのが歴然だ。自分の修補学生のときとあまり変わらず、九〇艦戦の複座型を少しやらせてから、十月まで九五艦戦一本での操訓を続けた。

空母から空母へ

十五年十月に「蒼龍」分隊長の辞令が出た。正規空母の戦闘機隊を率いる指揮官のひとりだから、空を望む者には最高の職場と言っていい。

三十三期飛学を筑波空で教えているとき、若い教官たちが周防灘《すおうなだ》で「龍驤《りゅうじょう》」を使って、九六艦戦による着艦訓練を実施した。初めて上空から見た小型空母は、まるでマッチ箱。近づくにつれて、カウリング上部の視界確保用の凹みから、艦影が見えてくる。失敗が恐ろしいが、思い切ってやるしかない。機首上げの失速状態でバウンドしつつ降着したとき、冷や汗が流れた。

「蒼龍」の飛行甲板は大きいし、艦尾の気流の制御がたくみになされていて、「龍驤」よりずっと降りやすかった。着艦しやすい空母がどれかは人によって異なり、岡嶋中尉は艦橋が出ていた方が目安にできるから好ましかった。

「蒼龍」では作戦航海に出る機会なく半年がすぎて、進級していた岡嶋大尉は「加賀」の分隊長に転勤。しかし佐世保工廠のドックに入ったため、「加賀」の戦闘機隊は十六年七月に「飛龍」へ移り、かれの職名は臨時「飛龍」分隊長に変わった。

この月に「飛龍」は、南部仏印（フランス領インドシナ）進駐の陸軍輸送船を掩護して南シナ海を航行し、岡嶋大尉にとって作戦航海の初体験だったが、九六式四号艦戦は哨戒で一〜二回飛んだだけ。ことを荒立てないために「仏印空軍機が来ても、撃たないで誘導せよ」との厳命があった。それなら落とされるために飛ぶのと同じだ。大尉たちは「そんなバカな」と食ってかかったが、命令は変わらなかった。

「蒼龍」分隊長で大尉に進級後の15年12月に鹿児島県笠ノ原基地で飯田房太大尉が写した。後ろの九六式四号艦上戦闘機は報国-404第二東洋ベアリング号。

九月に受けた辞令は「『春日丸』分隊長ニ補ス」。佐世保工廠において空母「大鷹《たいよう》」への改装が終わり、第五航空戦隊に編入されたのと同じ五日付の補職である。近場の大村空で待機していたら、「零戦をわたす」との指令が届いた。零戦を見たことがない岡嶋大尉は単身、東京の航空本部へ受領の手続きにおもむいた。

航本の担当部員に面会すると、「『春日丸』なんかにやる零戦はない」と思いがけない返事だ。「お前は転勤するんだ。やる予定の零戦を持って、『飛龍』へ行け」と言葉が続き、さらに驚くべきハワイ攻撃について聞かされた。

「春日丸」は仮ポジションで、下旬のうちに再び臨時「飛龍」分隊長に逆もどり。一ヵ月半のちに正式に「飛龍」分隊長に補職された。

岡嶋大尉が初めて零戦で飛んだのは、横須賀空へおもむいての試乗のさいだったようだ。九六艦戦に比べ、速度がずっと大きく、運動性も満足がいくレベルだ。エルロン操舵の操縦桿が少し重いのは座りのよさを意味し、マイナスにはならない。密閉風防なので、巡航時に静かなのも気に入った。

急降下から引き起こすとき、主翼に四五度のシワが走るのは気持ちが悪かったが、総じて飛行特性は「九六戦よりも確実にいい」と感じた。

オアフとウェークの空で

ハワイ突入をひかえた十二月七日、「飛龍」の艦内で岡嶋大尉は緊張していた。機動部隊の全乗組員が同じ気持ちだっただろう。

翌日、赤飯で腹をつくって分隊長機に搭乗。先頭に置かれた彼の機の、前方の飛行甲板は五〇メートルほどしかない。一二〜一五度も揺れる甲板から赤ブーストで無事に発艦し、列機五機をひきいて九七艦攻隊の後上方についた。

すでに二時間ちかくを飛んだ午前三時十九分に、総指揮官・淵田美津雄中佐機（「赤城」の九七艦攻）から「全軍突撃セヨ」のト連送が発信された。高度六〇〇〇メートルで上空制圧と敵機不在確認をすませたのち、岡嶋大尉の第四制空隊六機はオアフ島南西端のバーバースポイント方向へ。その手前のエバ飛行場にならぶ海兵隊のSBD「ドーントレス」およびSB2U「ビンディケイター」艦爆、F4F「ワイルドキャット」艦戦を認め、増槽を落として銃撃にかかる。

弾倉に五五発ずつを詰めた二〇ミリ機銃を放った大尉は、敵機から噴き上がる火炎を見て愉快になった。地上撃破にしても初戦果なのだ。敵の対空火器の射弾にかまわず、短い射撃をくり返し、「せっかく来たんだから」と全機がJ2F「ダック」など雑用機にもう一撃を加えた。

銃撃が終わると、村中一夫一飛曹が乗る二番機が寄ってきた。風防を開けた村中兵曹は手先信号

ハワイ作戦をひかえて、冠雪の富士山をバックに「飛龍」戦闘機隊の零戦二一型が館山基地から訓練飛行中。引きわたされて間がなく、垂直尾翼にまだ記号と番号が書かれていない。

で「自爆」を伝える。村中機の胴体前部からの燃料流出を見た岡嶋大尉は、勝手に決死の降下に移らないよう後続を命じた。自機の残燃料はまだ充分にある。村中機も胴体タンクがカラになっても帰れるはず、と読んだのだ。

集合空域であるオアフ西端のカエナ岬沖に来たが、味方機の姿がなかった。大尉はあわてず予定の帰投航路をしばらく飛んで、クルシー（無線帰投方位測定機）のスイッチを入れると、帰還中の艦爆隊が発する電波に感応した。「こりゃいいぞ」と方位を合わせて飛行する。

やがて前方に九九艦爆の編隊が見えてきた。急に接近すれば、緊張した艦爆搭乗員に敵機と思われて、味方撃ちを食いかねない。じりじり間合を詰めていくと、気づいた艦爆は案の定サッと向かってきたが、バンクをうって知らせ、事なきを得た。

「飛龍」に着艦してすぐに村中兵曹は、連れ帰ってもらった礼を大尉に述べた。「もう帰れないと思いました。（気化した）燃料が座席内に満ちて、息ができないほどでした」

「飛龍」と「蒼龍」の第二航空戦隊には、ハワイ攻撃のほかにもう一戦が待っていた。ハワイから西へ三八〇〇キロのウェーク島占領の支援である。

攻略部隊の艦船と千歳空九六陸攻隊は鎧袖《がいしゅう》一触のはずが、在ウェークの第211海兵戦闘飛行隊（VMF－211）が持つ、数機のF4F－3と海兵隊の闘志にはばまれ、駆逐艦二隻と陸攻三機を失って攻めあぐねていた。助っ人に来た二航戦は、十二月二十一日に同島への攻撃を開始する。

翌二十二日の朝、二空母の九七艦攻三三機の掩護《えんご》に、零戦三機ずつが発艦した。合計三九機の指揮官が岡嶋大尉だった。大尉は零戦の機数にカチンときて進言した。「敵機はいないかも知れませんが、飛行機は充分あるんだから、（「飛龍」から）九機出して下さい」

だが、司令部幕僚も戦闘機隊先任分隊長の能野澄夫《のうの》大尉も、小出しを望んで「三機でいい」と譲らず、申し出は却下された。

三三機の艦攻編隊にたった六機の零戦では、警戒の目が行き届かない。邀撃《ようげき》に上がっていたＦ４Ｆ二機（これが可動全力）のうちハーバート・フロイラー大尉機は、九七艦攻二機を撃墜。もう一機の艦攻が被弾して不時着水した。

ふり向いたとき、燃え落ちる艦攻を見た岡嶋大尉は、カール・デビッドソン少尉のＦ４Ｆを視認し追撃して一連射を浴びせる。ついで列機の田原功三飛曹が捕捉、撃墜した。フロイラー機も田原三飛曹機が落として、ウェーク島の運命は定まった。

「敵機は蛇行で逃げるだけだから追いかけやすい。技倆はさほどでない」と岡嶋大尉は感じた。彼の進言を通して「飛龍」から九機を出していれば、艦攻の損害はなかったに違いない。

聴《き》こえる電話がほしい

昭和十七年が明けてすぐ、「瑞鶴」分隊長の辞令が出た。「瑞鶴」勤務での最大のできごとは、史上初の空母同士の戦いになった珊瑚《さんご》海海戦である。決戦二日目の五月八日は、岡嶋大尉は機動部隊の上空直衛の指揮をとった。

敵空母への攻撃隊が出動する少し前の午前七時に、上空直衛の第三小隊（零戦三機）が発艦。それから二時間ちかくのちに敵編隊二〇機ほど（「ヨークタウン」の攻撃隊）が来襲し、その直後の八時五十七分に岡嶋大尉が指揮する四機の第一小隊が発艦して、三小隊とともに迎え撃ち、艦戦五機、艦爆六機の撃墜を報じた。

やや間をおいて九時四十五分、敵四五機（「レキシントン」の攻撃隊）の接近を見つけて、「瑞鶴」から第二小隊の零戦三機が一五分後に発進し、在空の七機および「翔鶴」直衛機の防戦に加わった。「瑞鶴」直掩隊が記録した戦果は、艦戦八機と艦攻五機撃墜、ほかに二機撃破だった（時刻、機数などは行動調書による）。艦戦はF4F－3、艦爆はSBD－2またはー3、艦攻がTBD－1だが、日本側の識別はかならずしも正確ではない。

岡嶋機が発艦にかかるとき、「瑞鶴」は敵爆弾を避けるため大きく回頭。ふり落とされそうになりながら、からくも浮き上がった。三機の列機も同じようなありさまで、このころの母艦搭乗員には、それだけの技倆があった。

大尉は態勢を整えつつ、SBD艦爆編隊を指向する。敵の爆弾が「翔鶴」に命中するのが見えた。つぎに来る敵を待つのがスジだが、「こんちくしょう！　逃がすかっ」と捕捉にかかり、数連射で残弾を使いきる。SBDは火を吐かずに海中に突入した。

弾丸の補給のため着艦し、再度上がるつもりでいたら「上がるな」と止められた。一機も欠けずに帰還した直衛機の搭乗員に、戦果を報告させる。「不確実は言うな」とクギを刺し、取りまとめた結果は撃墜二四機。不確実撃墜は二機だけにしぼった。これでも、いかにも多すぎて大尉が想定した二〜三倍の感じだった。対する損害は被弾四発のみである。

珊瑚海海戦２日前の17年５月５日、敵機動部隊発見の報告を待つ「瑞鶴」の飛行甲板。手前の零戦二一型３機（画面には２機）は増槽を付けず、緊急発艦の即時待機。南洋の陽光を防ぐシートをかぶせた後ろの零戦と九九艦爆も完備状態にあった。

昭和十七年のなかばまで日本機動部隊の全体的な術力は、米海軍に劣っていなかったように思える。

「瑞鶴」は五月下旬、トラック諸島経由で呉軍港に帰投（「帰港投錨」を略した帰還の意味の海軍用語）。一ヵ月後、一年半ぶりに空母部隊をはずれ、分隊長兼教官の職で、呉の防空任務も有する訓練部隊・岩国空へ転勤する。実施部隊から遠ざかったのは「考課表が悪かったのか」と岡嶋大尉は案じたが、ここまでの実績をみて分かるとおり、勤務評定が悪いとはとても思えない。彼の懸念《けねん》とは反対の、休養に準じる措置《そち》だったようだ。

岩国空は偵察教育担当だから、教官としての役目は特にない。見学の兵学校生徒を古い三式初練に乗せ、体験飛行の操縦役を分隊長みずから請けおった。

骨休めの配置は半年間。十八年一月なかばに「飛鷹《ひよう》」に転勤する。これまでの五隻の空母では分隊長だったが、こんどは空中指揮官のトップの飛行隊長だ。

四月二日の午後、トラックから零戦、九九艦爆、九七艦攻、合計五五機の「飛鷹」飛行機隊をひきいて、ラバウルの西飛行場（ブナカナウ）へ飛んだ。母艦機と基地航空隊の集中使用により、南東方面の航空戦を有利にみちびく「い」号作戦のためだ。

「い」号作戦中、「飛鷹」戦闘機隊は四回出動し、第一回〜第三回の指揮を岡嶋大尉がとった。一回目の四月七日、ガダルカナル島付近の輸送船団攻撃のおり、二三機は邀撃してきたF4Fを追いかけて、九九艦爆一七機の直掩に残ったのは彼の機だけだった。このとき、無線電話が役に立たず、部下を呼びもどせないハンディを痛感した。

中尉時代は格闘戦の訓練ばかり。大規模な戦術演習をやっておらず、電話の必要性に気づかなかった。分隊長に補職されたのちも、電話の重要性を教えられたことがなかった。

このガ島攻撃から帰って、山本連合艦隊司令長官以下が出席しての作戦研究会が催された。「飛鷹」の空中戦力の指揮官として、岡嶋飛行隊長は軽視される立場ではない。戦況を述べ、こう切り出した。

「電話が通じないから、列機の指揮、コントロールを充分に行なえません。搭乗員は聴こえないから使おうとしない。電話を聴こえるようにして下さい」

日本海軍の中枢に、この意見がすぐに重視されるはずがない。山本司令長官が「現用兵器を善用せよ」と発言して、落着してしまった。

電話が使えないのは致命的な問題で、空戦には絶対的に不利――大尉のこの判断は、以心伝心の名人芸を重視する軍航空のなかで、ともすれば軽視されがちだが、まったくの正論である。彼は以後も電話重視を方針に掲げるが、現実がともなわなかった。

南の果て、北の果て

七月なかば、「龍鳳」飛行隊長に補職された。トラック諸島・春島で若い搭乗員の訓練を進めるうちに、九月早々の転勤辞令で第二〇四《ふたまるよん》航空隊の飛行隊長を命じられた。分隊長と兼職での、ふたたびの南東方面勤務である。

基地は北部ソロモン諸島のブーゲンビル島ブイン。二〇四空の小隊編制は三機から、米軍流の四機に切り替わっていた。「電話を使えれば、二機と二機でおもしろい空戦ができる」と岡嶋大尉は思ったが、予想もしない落とし穴が待っていた。

地形慣熟の目的で、中部ソロモンのニュージョージア島ムンダ基地まで連れていってもらう。ついで（九月十日前後？）、ブーゲンビル島に新設のトリポイル（ブイン第二）基地へ、二〇四空機を移す件で、ブインから零戦に乗って打ち合わせに出かけた。

岡嶋新飛行隊長の補職から１週間後の18年９月８日に、ブイン基地で記念撮影された二〇四空の搭乗員（部分）。２列目左から岡嶋大尉、司令・玉井浅一中佐、飛行長・五十嵐周正少佐。ほどなく大尉は、思いがけない原因から大事故にあう。

飛行距離はわずかだ。降着にかかると着陸復行の手旗が見えたので、やり直してもっと手前から降りていった。ところが、知らされていないワイヤロープが張ってあり、プロペラにからまって、零戦は地面に激突。エンジンがちぎれて機体はひっくり返った。

母艦着艦になれた岡嶋大尉は、復行しなくても楽に降りられ、なんの問題も生じなかったはずなのに。すぐラバウルの海軍病院へ送られたが、額の打撲と裂傷で二昼夜のあいだ人事不省《ふせい》におちいった。

二〇四空飛行隊長は二〇日間だけで終わった。九月のうちに横須賀鎮守府付に変わり、帰国して二ヵ月余の自宅療養を続けた。けれども、もし南東方面で戦い続けたら、彼のような率先垂範タイプは出動を続けて、戦死した可能性が少なくなかっただろう。

殉職につながって当然のアクシデントを、逃れ得たのも持ち前の武運ゆえだった。さいわい後遺症もなく回復し、十二月上旬に厚木航空隊の飛行隊長を命じられた。神奈川県に基地があっても、北東方面の第五十一航空戦隊に所属する、零戦と「月光」の錬成部隊である。

厚木空司令は「ギューちゃん」がアダ名の山中竜太郎大佐。「お前みたいなのを使ってやるのは俺だけだ」。面識があった山中司令がうそぶくと、「べつに使ってもらわんでもいいですよ」と切り返した。

二〇三空の北方進出を前にして、整備主任の小田七郎少佐(左)と。この19年5月1日、岡嶋飛行隊長は袖章どおり少佐に進級した。後方の零戦は五二型。

零戦訓練の指揮をとりながら、実施部隊への転勤を望む岡嶋大尉。これまでの戦闘をベースに脳裡《のうり》に浮かべた、望むべき戦闘機像は「運動性はかならずほしい。だが、敵と互角なだけの運動性が備わるのなら、あとは急上昇《ズーミング》を可能にする速度の方がいい。運動性ばかりでは仕方がないし、速度一辺倒でも話にならん」。零戦では速度不充分な時代に入りつつあった。

明けて十九年の二月二十日、厚木空は実施部隊の第二〇三航空隊に改編された。上部組織は同じなので、近い将来に北方へ向かう予定が立っていて、三月末に北海道の千歳へ移動。四月一日付で特設飛行隊編制が導入され、二〇三空の飛行機隊は戦闘第三〇三《さんまるさん》と第三《さん》〇四《まるよん》の二個飛行隊に分かれ、二〇三空の指揮下に入り直した。岡嶋大尉には戦闘三〇三飛行隊長の辞令が与えられた。

戦闘三〇四の隊長は鴛淵《おしぶち》孝大尉。兵学校の五期後輩で、飛行キャリアも戦歴もずっと若いため、以後は岡嶋大尉が総飛行隊長的な立場で指揮をとった。

両飛行隊は四月から五月にかけて千歳から、北千島の占守島《しむしゅとう》と幌筵島《ぱらむしるとう》へ進出する。五月一日付で進級した岡嶋少佐が、二九機の先頭を飛んで、武蔵（海軍呼称は第一幌筵）基地に降りたのは五月十八日だ。この編隊は戦闘三〇三と三〇四の混成で、兄弟的な両隊の関係をよく示している。

北辺の地は寒かった。厚木から千歳に来たら、身を切られる低温に「ふるえ上がった」（岡嶋さん）が、北千島はさらに酷寒だ。少佐は武蔵と片岡（第一占守）の両基地に滞在し、前者を主用した。司令の山中大佐、整備主任の小田七郎少佐らは片岡にいるから、こちらが本隊である。

敵機はアリューシャンから飛来するB－24「リベレイター」重爆とPV－1「ベンチュラ」哨戒爆撃機。対する邀撃《ようげき》と、基地上空付近の哨戒任務の編隊を率いたのは、鴛淵大尉および分隊長以下の幹部で、岡嶋少佐は内地、北海道、北千島の基地移動時のほかは作戦飛行の空中指揮をとらなかった。これは、零戦と幹部搭乗員にこと欠かず、また来襲機が少数かつ散発的だからで、交戦空域が狭いうえに天候の条件も芳しくなく、戦果は少なかった。

編隊機動に適した四機編隊を採り入れていたが、移動哨戒時の少佐の小隊は運動性重視の観点から三機だった。一定空域内で敵機をかわしつつ戦況に対応する、指揮官小隊の特異性ゆえと思われ、分隊長級も邀撃時に三機指揮小隊をまねている。

フィリピン決戦の前後

日本軍の航空戦の戦場で、最南端の珊瑚海、最東端のハワイで戦った岡嶋少佐にとって、最北端に近い北千島だけが〝二線級〟あるいは〝裏街道的〟戦場だった。

七月五日、少佐は一〇機を連れて後方基地の第一美幌に下がる。九月初めには茨城県の百里原《ひやくりがはら》基地へ三五機で移動。戦闘三〇三の残余の機も同月末には鹿児島基地に集まった。三〇四は十月中旬に鹿児島県出水《いずみ》基地に到着し、このあたりから両隊は分かれて個別の行動をとる。

十月六日、戦闘三〇三分隊長の安部醇《あつし》大尉（性格俳優で知られた安部徹の弟）が鹿児島基地で試飛行を初めてまもなく、零戦のプロペラがはずれてしまった。崩れたバランスを立て直し、着陸のため旋回にかかったが、回りきれずに掩体にぶつかって大尉は殉職した。

同種の事故は他隊でも起きた。生産する工員もプロが召集され、動員の素人が組み立てるから粗製は覆《おお》えず、機材の質が低下するばかり。岡嶋少佐が惨劇の原因にいきどおっても、怒りの持っていきようがないのだ。

鹿児島から台湾の花蓮港と台南の両基地を経由して、十月二十五日にルソン島中部のクラーク地区にあるマバラカット東飛行場に到着。ちょうど特攻隊の初戦果が記録された日で、比島決戦・捷一号作戦は様相を変え、特攻の主戦法化へ突き進む。

戦闘三〇三の基地飛行場は作戦に応じて、クラークのマバラカット西、バンバン、ルソン南部のレガスピーなどへと変わり、レイテ島の攻防が激化した十一月一日には、同島西側のセブ島セブに前進した。この前後に、陸軍輸送船団の上空直衛や敵空母索敵、レイテ島爆撃、飛行場の上空哨戒と邀撃に出動を続け、岡嶋少佐も空中指揮をとっている。

戦闘三〇三は二〇三空を離れ、岡嶋少佐は「これは臨時の区処だ」と説明されて、二〇一《ふたまるいち》空の指揮下に入った。時期と期間は判然としないが、十一月初め（十月の途中から？）から十二月（いつまでか不明）には二〇一空司令・玉井浅一中佐の命令を受けた。中佐とはブインの二〇四空で司令と飛行隊長の関係だった。

二〇一空は特攻部隊である。特攻戦法に強い反感を抱く少佐の心境が、安らかなはずがない。二〇三空指揮下でマバラカット東にいたとき、特攻隊員三名の希望を募《つの》ったといわれるのが事実とすれば、第一航空艦隊と二〇一空の両司令部命令を受けての、やむなき事態によると思われる。

やがて戦闘三〇三は持てる機材を失い、多からぬ生存搭乗員は二十年一月～二月初めにフィリピンを離れた。岡嶋少佐は零式輸送機または陸上攻撃機で、台湾へ向かった。

この戦域に関しては、あらためて捕捉を後述する。

南九州上空に迎え撃つ

昭和二十年の元日には、戦闘三〇三は二〇三空の指揮下に再編入されているから、「二〇一空指揮下は臨時区処」は正しかったようだ。二月に再びの鹿児島基地で進み始めた戦力回復は、三月に入るころには軌道に乗ってきた。

搭乗員と機材の補充もしだいに進み、訓練に拍車をかけていた十七日の夜、敵機動部隊情報が伝えられた。翌十八日の来攻は早く、艦上機来襲を知らせるサイレンが黎明《れいめい》まぢかの基地にひびいた。暖機運転を行なう時間もなく、零戦がてんでに発進にかかる。

離陸した岡嶋少佐は上空を航過する敵機を追って、高度をかせぎながら試射したら、全機銃とも一発も出ない。これでは戦いようがないので、列機になって随伴する安部正治《まさはる》一飛曹をつれて、東方の宮崎県都井岬の上空へ避退する。例によって無線電話は通じず、自機の不具合を伝えられない。

攻撃を終えて帰還するF４U「コルセア」が二機、少佐たちを見つけてかかってきた。「落とされてたまるかい！」と少佐は同高度で二対二の格闘戦に入る。岡嶋機が敵機の後ろについて、射距離内に入れたのを安部一飛曹は見たが、撃たないので機銃故障に気がついた。安部機が捕捉されかかると、上方の岡嶋機が切り返し、擬襲をかけて追い払う。敵の大きな弱点は燃料の余裕がないことで、とうとうあきらめてF4Uは離脱して去った。

三月下旬以降の艦上機群の来襲時には、岡嶋少佐は笠ノ原《かさんばら》基地の上空でF6F「ヘルキャット」と交戦した。こちらも敵も単機。追尾に気づいて蛇行で逃げる相手に数撃を放ったが、なかなか当たらない。「これで最後だ」と一連射を加えたら、翼根後縁から後ろの胴体が激しく燃えてちぎれ、前部胴体と主翼だけの機体が回りながら落ちていった。座席の左後ろの酸素ビンに被弾し、発火したのだろうか。

ふり向いた少佐は、もう一機のF6Fが真後ろについたのを見た。曳跟弾《えいこんだん》が来ると同時に、急機動で横転から降下に入れて逃げきった。「F6Fには高度六〇〇〇メートル以上では歯が立たない。三〇〇〇メートル以下なら五分五分以上にやってみせる」が彼の判断だった。

それにしても、無線電話を使いがたいのは不利である。米軍機が強いのは、電話を自在に使って編隊空戦をしかけてくるからだと考えていた。

ある日、日系二世の人物が指揮所に受信機と受聴器（イヤホーン）を持ってきた。イヤホーンを付けた岡嶋少佐の耳に聴こえるのは、敵機のクリアーな会話だけで、周波数を変えても味方機の声は皆無だった。このころは零戦の電話も、ある程度は聴き取れるまでに改良されてはいたのだが。

六～七月のころか、電話が不調な原因を横空でつきとめ、第一飛行隊（艦戦）の塚本祐造少佐が鹿児島基地へ指導にきた。エンジンから出るコロナ放電をシールドする方法で、感度が確実に増して「これなら、なんとか使える」と岡嶋少佐を納得させた。

岡嶋少佐の戦歴をつづるうえで欠かせないのが、特攻否定の決意である。

沖縄戦の大規模な特攻攻撃を指揮する五航艦司令部からの、特攻隊員の選出要請が麾下《きか》部隊の二〇三空経由で伝えられる。「岡嶋隊長は上からの圧力に対し、『戦闘機乗りは空戦で死ぬのが本望。絶対に出さない』とはねつけ続けた」と幹部が話すのを土方敏夫中尉は耳にし、また少佐から直接に「特攻に反対したら、国賊扱いされたよ」と聞かされた。

訓練が軌道に乗りつつあった20年早春の鹿児島基地で、零戦五二丙型を背にして座る戦闘第三〇三飛行隊長の岡嶋少佐と長田延義飛曹長。軽量化のため、主翼の三式13ミリ機銃と座席後ろの防弾鋼板を取りはずすのが戦闘三〇三の流儀だった。

若い下士官兵たちも、岡嶋少佐の意思と姿勢をうわさで知っていた。ラバウルと台湾、九州で戦果をかさねた、准士官が目前の谷水竹雄上飛曹も「岡嶋隊長が特攻大反対なのは隊内の常識」と心得ていた。隊員がヘマをやらかすとピストルを空へぶっ放す少佐だが、誰もが彼のもとで戦えるのを精神的な拠《よ》りどころと感じていたのだ。

沖縄をめぐる大規模航空戦は六月下旬までに終

鹿児島基地の待機所で碁を打つ戦闘三〇三の搭乗員。高嶋健蔵上飛曹（左）と寒川上飛曹、間でながめる辻武、谷水両上飛曹の明るいムードには、岡嶋飛行隊長の特攻反対の決意が作用しているのではないか。3ヵ月の沖縄海空戦が終焉を迎える初夏のころだ。

わり、敵の上陸に備えて南九州の部隊は北へ移動する。戦闘三〇三も七月に入って、大分県の宇佐基地へ下がった。

基地移動の前後の七月十五日付で、分隊長の蔵田脩《おさむ》大尉が後任飛行隊長の辞令を受け、岡嶋少佐は五十三航戦の参謀に補職された。

少佐に進級して一年二ヵ月あまり、飛行隊長としてはもはや最古参で、彼より若い飛行長も少なくないから、転出はむしろ当然の処置と言える。だが、戦闘三〇三の隊内ではこの転勤を「特攻反対の口ふさぎ」と思う者がかなりいた。反対の主張を継続しうる実施部隊の飛行長にせず、参謀職につけたというのもそれを裏付ける。

五十三航戦の司令部は奈良県の大和基地。敗戦を迎え、軽挙妄動を防げとの命令で、零戦を駆って所属部隊がいる福知山、鳴尾、姫路の各基地をまわる。抗命や叛乱《はんらん》のようすはなく、いずれも事なきを得た。日本軍の戦域を果てから果てまで飛び巡った、岡嶋少佐の飛行納めであった。

岡嶋さんに面談を依頼したのは昭和六十一年（一九八六年）の九月だ。長いキャリアをいちどきには伺い切れないから、当面の執筆に必要な南東方面までで区切り、北千島以降はざっとたずねて詳細は後日にまわした。

五年近くのちに、再訪の許可を得ようと電話すると、夫人が「記憶がだいぶ薄れています。それでも海軍のことなら、いくらかはお役に立てるかも」と話された。会わせてもらい、説明どおりの体調と知って、質問をいくつかにしぼってたずねる。種類、内容は限られるが、回答はほころびてはいなかった。そのなかで、強い衝撃を受けた言葉がある。

「参謀が特攻の話をしたときです。私は拳銃をにぎっていた。『この野郎、ぶち殺してやろう』と思いました。戦死を拒みはしないが、搭乗員を虫けらのように言うのがたまりません。その男は特攻に出ないくせに」

戦闘三〇三で部下だった人たちが、岡嶋さんを慕《した》い、誇らしく「岡嶋戦闘機隊」と形容するわけを理解できた。このときの感動は終生、記憶に残り続けるに違いない。

滑空機へ至る道

――脇役を追求し、派手さを望まず

重爆乗りから教官へ

昭和十三年（一九三八年）六月に航空士官学校（航士校と略す）に入校した、第五十三期生の大川五郎士官候補生。

航士校で読んだ軍事小説に、音もなく飛んで重要任務をはたす滑空機（陸軍航空ではグライダーと呼ぶ場合が多かったが、本稿では軍の制式呼称を用いた）が出てきた。滑空機の特性に魅了された大川候補生は「自分の将来はこれだ！」と心に焼き付けた。

軍用機運用の指揮官をめざす航空士官候補生が、動力なしの滑空機にあこがれるのは例外的と言えよう。ところが彼の進む道はふしぎにも、想念に向けて延びていく。

航士校在校中の後期教育で、初練と呼ばれた九五式三型から中練の九五式一型へと練習機課程を進めたのちに、区隊長の教官・谷村昌胤《まさたね》大尉から「（同じ区隊の）有瀧《ありたき》（孝之助）は舵が荒いから戦闘機、大川は静かだから重爆だ」と分科（海軍で言う専修）の機種を言いわたされた。大川候補生の通常ならざるコースのレールが、このとき敷かれたと言えるだろう。

区隊は三〇名ほどからなり、四個区隊で一個中隊を構成する。

谷村区隊長が言った「舵が荒い」とは、上昇・降下・旋回の操舵が乱暴ぎみの意味。急機動は戦闘機に付きものと言える。大川候補生はそれがスムーズだと評されたのだ。図体が大きな重爆撃機は、ゆるやかで無理のない機動が必要不可欠。それに、いったん爆撃進路に入ったら、コースも迎え角も変えられない。荒い舵は禁物と言っていい。

希望者が多い戦闘分科に固執しない大川候補生は、区隊長のことばどおり重爆班に入り、九三式重爆撃機から九七式一型重爆撃機を使って、航士校での基本操縦教育を終えた。

十五年六月に航士校を卒業。同時に航空兵少尉に任じられたが、十月の兵科廃止によって、階級呼称は単なる少尉へと変わった。

五十二期の操縦者数に対し、五十三期は三倍ちかい三〇七名で、分科ごとの人数では戦闘機の九〇名と重爆の八九名が多い。航空兵力の拡充と、開戦への備えがなせる傾向だった。

重爆分科のうち大川少尉ら一二名は、台湾・嘉義《かぎ》の飛行第十四戦隊への配属が決まったが、その前に戦技教育を受けるため、重爆の操縦実施学校である浜松飛行学校へ入校した。実用機で作戦飛行が可能な、一人前の中隊付将校操縦者をめざす、乙種学生である。

十一月に乙学を終えて、嘉義へ向かい、十四戦隊に着任。このとき二個中隊編制で（第三

夏の福生飛行場で滑空機操縦を習得中の大川少尉とソアラー。対米開戦があと５ヵ月ほどに迫っていたときだ。

中隊は編成完結の直前）、大川少尉は第一中隊付を命じられた。台湾での操縦訓練はきびしく、旧式機の感があった九七重一型を使ってひんぱんに飛んだ。高難度な夜間飛行、洋上飛行も遠慮なく進められ、演練のつど着実に技倆が高まっていく。

このまま行けば、十四戦隊の重爆操縦者の立場で開戦を迎え、南進作戦に従事するところだが、十六年三月に一転、熊谷飛行学校の教官を命じられる。熊飛校の本校に着任した彼の職務は、四月に入校の第十期少年飛行兵の区隊長だった。

十期少飛二八〇名を第一中隊とし、これを七〇名ずつの四個区隊に分ける。第二区隊長が大川少尉で、四名の区隊長のうちただ一人の操縦者だったため、第二区隊の十期生徒（と呼んだ）に誇りを感じさせた。

飛行教育の元締めである航空総監部から五月のうちに、少飛の操縦訓練の一環に滑空機を採り入れる案が出された。それを受けて、彼らを教える立場の教官が各飛行学校から合計二〇名ほど、グライダー操縦を習得するため、東京府福生《ふっさ》の飛行実験部に集まった。大川少尉も習得を命じられた一人である。飛行実験部で滑空機に熱心で造詣《ぞうけい》が深い、偵察機班の古林忠一《ふるばやしちゅういち》大尉のもとで操縦訓練が始まった。

飛行機の操縦を身体に叩きこんでいるから、経験はなくても滑空機を飛ばすのに難儀はない。プライマリー（初級機）はすぐに終えて、セカンダリー（中級機）にも短期間でなれ、残った時間をソアラー（上級機）に費やした。

滑空機をどう使う?

二ヵ月間の滑空機操縦習得を終えて、十六年の七月下旬に熊飛校に帰ってきた大川少尉に、校長・本郷義夫中将から「滑空機の話を将校集会所でせよ」と指示が出された。「操縦適性を見るならプライマリー。操縦教育ならセカンダリー。滑空機に興味を持たせるならソアラー」と学校幹部や教官たちに説明する。

十期生徒の教育は、初め一年間は学科と地上教育だ。これをまだるっこいと感じた大川少尉は、飛行感覚を得るための滑空機訓練や模型飛行機製作の導入を提案。当時、飛行学校では召集佐尉官操縦学生（歩兵、砲兵など他の兵種から操縦者をめざす将校学生）の適性検査にグライダーがわずかに用いられていたが、これを生徒の初期教育に採り入れたいと意見具申した。

航空総監部の案と軌を同じくする。熊飛校としてはこの意見に納得し、千葉県習志野の滑空機製作者のところへ、大川少尉が主計大尉とともに購入の打ち合わせに出向き、五万円を支払って仮契約を結んだ。一定機数の購入費は、熊飛校の余剰予算をあてる算段だった。

ところが、航空本部（航本と略す）から「許可しない」との通達が来た。やがて滑空機分の新予算の計上要求がなされると予測したのだろう、と熊飛校の幹部たちは航本側の思惑を読んだ。そんなつもりはなくても、これで滑空機訓練の導入計画は水泡に帰した。

八月一日付で進級した大川中尉は十期生徒にとって、どんな区隊長だったのか。

熊谷駅から五〜六分の中尉の下宿へ生徒たちが遊びに行くと、饅頭がたくさん入った箱を用意して待っていた。甘いものに目がない彼らハイティーンの食欲をよく理解し、食べ放題にしたのだ。中垣秋男生徒は「金銭に頓着《とんちゃく》しない人」「性格が円満で、実にできた人だ」と区隊長を仰いだ。教え子からこんな評価を得られる指導者が、どれだけいるだろうか。

中尉はかねて生徒たちに「人格の整った者が重爆（分科）へ行く」と言っていた。自身が重爆分科ゆえの贔屓《ひいき》ともとれようが、一機に七名前後が乗り組むためチームワークが必要、敵弾炸裂のなか爆撃進路・高度を確保して直進、編隊での爆撃には調和が不可欠、などの条件を考えれば、うなずけなくもない言葉だ。

飛行実験部からもどってややたったころ、大川中尉は冷や汗をかいた。彼のソアラーを引く九五練（以下、中練である一型を示す）が断雲に突入するや、驚いたのか操縦者はルールを無視していきなり急降下。下手をすれば二機もろともに墜落する。機内からは容易に外れない曳航索を、計器盤に足をつっぱってきわどく分離。乗機を所沢飛行場に降着させて、一命をひろった。

九月上旬に区隊長を離れた大川中尉は、少飛八期、九期生で構成する第三中隊（操縦中隊）の教官に変わったが、十期生徒への滑空機教育の導入は忘れていなかった。本格的な操縦訓練ができないなら適性検査に使ってみようと、かつて担当した二区隊の七〇名を、プライマリーに乗せることにした。昭和十一年（一九三六年）に少飛二期生が使って、あとは半分お蔵入りのかたちだったオンボロのキ二四である。

十一月下旬から十二月まで実施した各人一〇回ほどの滑空の成績を全部、曹長二名を助手にしてリストに書きこんだ。成績は公表せず、教育隊長に預けた。のちに九五練での操縦成績と比べてみると、滑空機ではかった適性は九四パーセントの高い適合率を示した。

大川中尉はその後に受け持った召集佐尉官学生に対しても、滑空機を操縦させた。十八年に入って燃料事情が悪くなると、航空本部は各飛行学校にセカンダリーを配って、四ヵ月ずつの操縦教育をやらせたが、すでに時機を逸していた。

話をもどして十六年の十一月末、航本から大川中尉に「熊飛校が保有の九七重六機で物資を台湾まで空輸せよ」との命令が来た。彼への名指しだったのは、十四戦隊所属時に台湾にいたからだ。熊飛校でもおりおりに重爆の操縦訓練を続けていたから、腕に不安はない。

十期生徒の滑空機適性検査を部下にまかせ、臨時編成の熊飛校輸送部隊は十二月初めに学校を出発。開戦の八日に福岡・雁ノ巣を出て、台湾～広東～ハノイ～サイゴンと南進した。とちゅう一機が不時着したが、その人員と積み荷は舟で運んだ。荷物の中身は一二・七ミリ機関砲用と七・七ミリ機関銃用の各弾薬包。先行する飛行第五十九、第六十四戦隊の一式一型戦闘機甲型への補給弾である。

さらにコタバルから北部マレーまで飛んで、空輸を完遂した。予想外の命令によるこの作戦飛行は、指揮官としての任務完了の満足感を、当時二十二歳の大川中尉の胸中にあふれさせた。また、緒戦時の快進撃のごく一部なりとも自分が関係したことと、飛行学校の機材まで駆り出さねばならない輸送力の乏しさとが、脳裡に焼き付いたのは間違いない。

九七式一型重爆撃機の機内。左側に座っているのが正操縦者だ。南進作戦を始めた戦闘戦隊へ無事に実弾を空輸し終えて、大川中尉の作戦視野は広まった。

ひとりで五役も六役も

熊飛校に籍をおいたまま、十七年一月から満州の白城子《はくじょうし》飛行学校へ派遣された。レベルは海軍を超えないが、陸軍航空の航法研修に関してはトップに位置する白飛校で、航法学生として三ヵ月をすごす。

初めの一ヵ月は九九式高等練習機を使っての計器飛行。大川中尉はホロをかぶせた後方席に座る。離陸は前方席の教官が行ない、あとは三時間のあいだ中尉が指定のコースを計器だけで飛んで、着陸時に教官に操縦桿をわたす。これが容易な飛行でないことは、当時の機材のレベルを知る者なら誰でも分かるだろう。

つぎは、九七重一型に学生四名が乗せられて離陸。方向探知機で電波を受け、計器を読んでコースと距離を計算し、操縦者に針路、速度など飛行データを伝える。この推測航法は陸地の上空でなされたが、沿岸の大連へ移動し本格的に洋上でも演練した。このとき、アルミ粉を海面に落として波頭をチェックし、爆撃照準器を併用しての偏流測定も行なっている。九七重での航法訓練は二ヵ月だった。

陸軍としては高度な航法をこなせる操縦者に仕上がった大川中尉は、三ヵ月の錬成を終えて熊飛校にもどってきた。地上兵種から転科の尉官召集学生（陸士五十五期出身、第八十八期操縦学生）に、九九式高等練習機の操縦を教えるかたわら、白飛校で身に付けた航法学の教官を担当。熊谷〜伊勢亀山を往復しての地文航法と計器飛行を、転科学生に高練で実践させた。

八十八期操学を修了させた十七年九月、彼を含む五〜六名の将校が、埼玉県の所沢飛行場へ派遣された。挺進練習部・滑空班、つまり滑空機の空挺部隊が、八月から所沢で訓練を進めていたからだ。パレンバン奇襲で名高い挺進作戦は、落下傘から滑空機へと降下急襲の装備を変えようとしていた。

大川中尉たちの任務は、滑空班の滑空機操縦要員に操縦のコツを教えること。大型の滑空機はまだ日本軍になく、軍用小型のク一やク三を使うのは翌十八年の春以降だ。そこで現用のソアラーを使って、十一月までさまざまな飛行法を伝授した。

熊谷飛行学校からの通勤に九七式軽爆撃機を使った。右が大川中尉。所沢での撮影で、遠方に九五式一型練習機が見える。

特別教官と呼ばれた彼らは、熊飛校と所沢飛行場を行き来した。同県内にあるから直距離はしれているが、直通列車はない。そこでこの〝通勤〟に使ったのが、連絡用に配備されていた九七式軽爆撃機だった。

熊飛校ではずっと本校に勤務した大川中尉は、午前は将校学生の操縦教官を担当。午後は航法をはじめ学科の教官に任じるほか、実用機の研究のため九七重二型、百重一型、九八軽爆、九九双軽一型、さらに九七戦でも飛行し、月に一週間は重爆での夜間飛行を怠らなかった。これらの演練は、熊飛校幹部たちの印象に強く残り、のちの転属命令につながったようだ。

十八年四月〜七月のあいだは教育班長を務めた。激化する戦局にそって操縦者の早期大量養成が求められ、単独飛行まで八五時間かかる九五練での訓練を、五〇時間に縮めるよう計画が練られた。トータルで「一〇ヵ月を六ヵ月で教育せよ」との方針のもと、九十二期操学(陸士五十六期が主体の尉官召集学生)を受け持つ大川中尉は、一個班を四名に減らし、飛行場の半分ずつの使用で離陸頻度《ひんど》を倍増。滑空機導入の時間がないので、地上の実機を用いての視聴覚教育を促進する。

着陸のコツを覚えさせるため、赤と白の板を位置をずらして設置し、接地前の降下角が正しければ、二色の板が横一線にならぶ表示を作った。海軍の着艦時の誘導標と同じ仕組みだが、それをまねたのではなく、満州の飛行第十二戦隊で「床屋の看板」と呼んで使っていたのを、部下のすすめで流用したのだ。

それまで草地全体を滑走の面として使っていたため、かえってスムーズな離発着を行ないにくく、事故の影響を受けやすかった。そこで離陸用一本、着陸用三本の滑走路を造り、着陸用は相互に誘導路でつないで渋滞を避けやすくした。

校長から「お前しかやれる者はいない」と言われたとおり、こうした対策の導入による訓練期間の短縮を、彼は大きなトラブルなく実現させた。基本操縦学校には軍の本流たる陸士、航士の士官候補生出身者は少なく、まして操縦将校はわずかなので、中尉であっても大きな責任を負う任務を与えられたのだ。

埼玉県の模型飛行機・滑空機大会に、曳航の九五練二機とソアラー二機で特別参加したのは十八年七月。二機の滑空機による編隊特殊飛行、連続宙返りで、子供たちがひしめく会場をわかせ、荒川河畔に着陸した。

青少年の航空熱を理解し、進んで協力した大川中尉は、同期の武井益夫中尉に九十二期操学の教育を任せて、翌八月早々に航空審査部飛行実験部（飛行実験部実験隊を改編）へ転出する。

爆撃機の装備器材をテスト

東京・福生の航空審査部では、特殊隊での勤務を命じられた。戦闘機、重爆、軽爆・襲撃機、偵察機以外の飛行機、つまり輸送機、連絡機、練習機、そして滑空機などをテストするのが役目である。

隊長は兵から進級した超ベテランの渡辺誠一少佐、次席が大尉当時に滑空機の手ほどきをしてくれた古林少佐だった。

着任したばかりの大川中尉は、すぐに特定の審査機材を与えられず、まず航空技術研究所（旧・技研を解体、分割）の基礎研究試験への協力を命じられた。一研（第一航空技術研究所）が機体とプロペラ、二研がエンジン、三研が機関砲や爆弾、四研が通信器材と電波兵器といったぐあいに、技研は第一から第八まで八部門に分かれて立川にあった。技研への協力は特殊隊の主要任務のひとつであり、それゆえ隊の所在地は福生ではなく立川なのだ。

固定目標用の陸軍爆撃照準器に替えて、捕獲してあった自動照準式の米ノルデン照準器をコピー国産化。そのテストに光学兵器を受け持つ五研があたり、九七重に取り付けて、動目標の捕捉から投弾までを自動的に行なえるか、大川中尉が加わって実験した。

試作品はうまく作動したけれども、「そこまでの精度を保てない量産品を、実用するには無理がある」が中尉の判断。それでも翌十九年二月、四式自動爆撃照準器の名で制式化に至ったが、彼の読みどおり、量産し実戦で戦果を上げるのは無理だった。この協力の手ぎわが爆撃隊長の酒本英夫少佐の目にとまり、「もったいない。爆撃分科の出身なんだから、こっちへ所属を変えろ」と望まれたが、渡辺特殊隊長が「出せない」と断わって落着した。

審査担当ではないキ八六の空輪も引き受けた。

ドイツのビュッカーBü131ユングマンは、陸軍と海軍がべつべつに国産化を試みた。陸軍の方は日国（日本国際航空工業の略称）が試作製造して、十八年七月に一号機を完成。別に福岡県の太刀洗製作所で転換生産が進められた。四式基本練習機として制式採用されたのは十九年四月だ。

この太刀洗製の二機を完成後まもなくの十八年十二月、進級したての大川大尉が指揮をとって立川飛行場へ運ぶのだ。大刀洗飛行場で試験飛行をすませた大尉は、空輸に飛び立った。出力わずか一一〇馬力、九五練に比べふたまわりも小さなキ八六は、風にすぐあおられ姿勢を保ちにくい場合があったが、安直な扱いやすい機と感じられた。

キ六七（のち四式重爆）に取り付けた低空用電波高度計タキ一三のテストでも、大川大尉は爆撃隊に協力した。十九年の初夏に三菱でタキ一三装備機が試作されると、四研で基礎テストののち、審査主任を命じられてキ六七に同乗し、くり返し高度測定テストを実施。作戦飛行に充分に使えると判断し、自信を持って審査を通した。

福岡県の太刀洗製作所で受領したキ八六２機を航空審査部へ空輸する。岩国海軍基地を中継し、京都の上空を東進する。

四式重を装備し、海軍の指揮下に入って夜間の対艦雷撃を実施した飛行第九十八戦隊。古参少佐の戦隊長だった高橋太郎さんは戦後、一〇期後輩でかつて十四戦隊の中隊員として仕えた大川さんに、「電波高度計がどれほどの生命を救ったか。感謝するよ」と改まって礼を述べた。航空本部データの有効な測高距離は二〇〇～二〇〇メートルだが、同戦隊では習熟により四〇〇～一〇〇メートルまで使用可能だったという。

ついでだが、緒戦時に捕獲したB－17は、E型を爆撃隊が、旧式のD型を特殊隊が持っていた。大川大尉はこの未修飛行（操縦訓練）も十八年の秋に行ない、自重が三倍もあるのに、離着陸が九七重一型より楽なのに驚いた。主車輪ブレーキもよく利いて、フルパワーの試運転も可能。車輪止めを噛まさねばならない日本機とは、格段の違いだった。

排気タービンと呼んだターボ過給機の一つを、日本製に取り換えて、なんどもテスト飛行をやってみた。やはり国産品は質が劣り、アメリカ製品のレベルの高さを認めざるを得なかった。

輸送用滑空機を審査する

ドイツ空軍が損耗の多さと効率の悪さから見限った、大型滑空機による空挺作戦を、日本陸軍はしぶとく構想し続けていた。ヨーロッパでの作戦困難の実情を知らなかったため、とも言えるだろう。使用する機材の開発も継続し、十九年の初夏に輸送用滑空機ク七《しち》-IIの一号機を日国が完成させた。

全幅三五メートル、全長二〇メートルの双ブーム式で、機内に兵員三二～四〇名、または九八式軽戦車など七トンまでの兵器を積む。木金混合製で、ク七-I（強度試験機）の木製の主翼桁が強度テストで壊れたため、ク七-IIは「審査せず」と決まりかけたが、審査副主任の大川大尉が「大きな兵器を分解せずに積める。輸送機にはない長所だ。七トン戦車は積めないが、もっと軽量な荷重でテストして、採用、不採用はあとで決めればいい」と説き、続行に決まった。航士校時代に魅せられた滑空輸送への熱意が、彼の背中を押していたとも思える。

京都と奈良のあいだに位置する日国・大久保飛行場で、ク七－Ⅱを六月初めから下旬まで二五日間以上テストをくり返した。正操縦者は審査主任の古林少佐、副操席に大川大尉が座り、三ツ石准尉が操縦する四式重（キ六七の十三号機）で曳航する。

ク七の飛行特性は芳しくなかった。安定性も操縦性も不良ときては、滑空機失格である。ただ軽荷重の場合、四式重一

上：三ツ石准尉の操縦するキ六七が、古林少佐のク七－Ⅱ試作1号機を引いて離陸した。昭和19年（1944年）6月、大久保飛行場（日本国際航空工業・京都飛行場）での光景。下：ク七－Ⅱ試作機が大久保飛行場へ向けて降下する。副操席に座るのは大川大尉。輸送グライダーを使える戦場はすでになかった。

19年11月、大久保飛行場でのキ一〇五のテストを打ち合わせる操縦者たち。左から三ツ石准尉、大川大尉、矢崎准尉。バックは技術将校たちを乗せてきた航空審査部所属の百式二型輸送機。

型での曳航は充分に可能で、エンジン強化の二型で曳《ひ》くなら文句なしと思われた。しかし、曳航機の四式重二型と百重三型は製造中止に至り、ク七もこの六月末のころ不採用が決定した。

　これでク七はお蔵入りに決まり、かわりにその二号機にハ二六－IIエンジン（離昇出力九四〇馬力）二基を付けた輸送機キ一〇五が日国で作られた。審査主任を命じられた大川大尉は、七月に入ってすぐ満州へ向かい、首都・新京（長春）の飛行場でキ七七（A－26）の長距離飛行の世話をしていたが、このため大久保飛行場へ帰ってきた。

　十九年十一月に実施された審査飛行の操縦は、大川大尉が担当。動力付きだから当然、ク七に比べて操縦性の向上をみたが、二十年度（四月以降）製作の三号機の昇降舵の面積を横方向へ増したところ、利きが強すぎて安定性を欠いた。それでも良好な諸性能から、大尉はキ一〇五の審査を通し、航空本部の技術部長、総務部長に説明、了解を得た。ついで軍需省、航空審査部、日国の三者会議を京都で催して正式に決定ののち、量産開始へ移行する。

〔ク七およびキ一〇五の完成やテスト飛行の時期について、既存資料の数字などと異なるものがあるが、ここでは大川さんの回想と彼の当時の記録にしたがった〕

審査主任・大川大尉の操縦で、ク七滑空機から輸送機に変身したキ一〇五の１号機が晩秋の大久保飛行場へ降りていく。

ほかにも彼が関わった滑空機がある。

前田航研工業製のク一〇は特殊飛行を練習するための全木製ソアラーで、十八年十二月に福岡市の同社で大川大尉が領収飛行試験を実施。その後、分解して立川飛行場へ運び、十九年一月に実用試験に移ったところ、きりもみに陥る問題を生じた。この解決に手間取っているうちに戦局がどんどん悪化したため、その後の試作は中止された。

兵員一二名を乗せるク一一は、日本小型飛行機が作った中型輸送滑空機。片持式主翼、流線型胴体のスマートな形状で、三〇〇キロ／時の高速曳航が可能とうたわれた。審査主任の古林少佐が十七年七月に、九七重の曳航で一号機の飛行テストを行ない、二、三号機ができたけれども、ク八（後述）の優先により審査は中断され、大川大尉が審査部に来てからも、テスト飛行はなされないままだった。

操縦訓練を目的にした福田軽飛行機製の複座セカンダリーがク一二。公称一三〇馬力程度の九五式三型初練での曳航を可能にした、野心的な滑空機とも言えたが、軍の興味をひかず不採用に終わった。テスト飛行を試みたのは大川大尉だけで、それも数回にすぎなかった。

本命ク八－Ⅱ／四式特輸機

日国の前身・日本航空工業が製造した双発の一式輸送機の、胴体を再アレンジし、エンジンを廃して主翼のアスペクト比を高めた（主翼を長細くした）輸送滑空機ク八－Ⅰは、開戦前の十六年七月に完成。これを改修したク八－Ⅱができた十八年五月二十日は、大川中尉が特殊隊に来る五〇日前である。Ⅰ型もⅡ型も、初飛行の操縦桿は古林部員がにぎった。

搭載量は兵員二〇～二四名だから、ク七とク一一の中間。もちろん車輛や火器も積む。主翼は木製骨組、胴体は鋼管骨組で、ともに羽布を張って外皮にする簡易な造りだ。十九年三月に四式特輸機の名で制式採用が決まり、十八、十九両年度を合わせて六一九機が日国で生産された。日本で唯一の本格量産された輸送用滑空機であり、これを装備する滑空戦隊と、乗り組む滑空歩兵連隊も編成された。ただ四式特輸機とは誰も呼ばず、ク八が通り名であり続けた。

機首を右側へ折って山砲を搭載。実戦使用時には離陸直後に胴体の車輪を落とし、油圧式の橇《そり》で着陸する。古林少佐と大川大尉は、車輪あるいは橇による着陸テストをくり返し行なったほか、振動テスト、機体強度テストの指揮をとった。曳航機には九七重二型、百式輸送機、四式重を使用する。大川大尉は九七重に曳かせたク八－Ⅱを操縦して、沖縄までの曳航テストも担当した。

福生飛行場に昭和天皇が行幸したのが十九年四月十日。航空審査部の各隊は新鋭機と装備火器を、飛行と地上展示によりお目にかけた。特殊隊の〝出し物〟は、九七重二型に曳航される二機のク八－Ⅱである。

曳航索は前方のク八用が七〇メートル。後方用が一二〇メートルで大川大尉が乗る。前方機の機体や索に自分の索が触れないように飛ぶ、後方機の方が操縦は難しい。乱流を避けて前方機が早めに離陸し、後方機が索のトラブルを生じないように遅めに上がった。この珍しい三機編隊の飛行を見た天皇のお褒《ほ》めの言葉が、審査部本部長・中西良介少将を通じて特殊隊に伝えられた。

海軍も滑空機による空挺作戦に関心を抱き、陸軍に打診してきたおりに、機材を自前で作る旨を述べた。量産が進むク八の供与を海軍に提言すると、話が進んでノウハウ教示も頼まれ、古林少佐は「大川が手伝うなら」と特殊隊の協力が決まった。

19年10月、海軍の霞ヶ浦航空基地で滑空空挺部隊が訓練に使うク八－Ⅱ。胴体下から出た降着用の橇と主車輪が分かる。

この少し前の七月に、特殊隊は立川から航空審査部の本拠地・福生へ引っ越してきていた。ピスト（待機所）は本部建物にスペースがなく、格納庫に付属の建物内に設けられた。

海軍へわたす予定のク八は五〇機。海軍側は審査部へ訓練におもむく意向だったが、九月、茨城県西筑波飛行場の滑空第一戦隊が持つ二機を同地でまず引きわたした。同時に大川大尉らが出向いて、取り扱い要点の教示と注意事項の説明を海軍側に行ない、滑空戦隊員が運用操作を実演して見せた。

曳航機を引くのに必要なのは余剰馬力の大きさなので、海軍は九六式陸上攻撃機二三型を用意して、ク八の取り扱いを訓練。九六陸攻による曳航は九七重の場合とほとんど同じ、と判断した大尉は、あとを指揮官・高橋良治海軍大尉に任せて福生に帰還した。

滑空戦隊員の手なれた作業を見て、海軍の自信と意気ごみは揺らいだという。教えを受けた彼らは二機を霞ヶ浦基地へ空輸し、十月には訓練を本格化。曳航機にはほかに零式輸送機二二型も用いられた。さらに鈴鹿基地へ移動したが、海軍が受領したク八は一〇機ほどにとどまり、滑空機空挺は実行に移されないまま立ち消えていく。

同様に、陸軍の滑空機装備部隊の作戦投入も実現しなかった。そもそも滑空機をうまく使うのは、好条件とナイスタイミングが不可欠だ。戦況は衰える一方。すでに数機の隠密行動で効果を発揮できる戦場もチャンスもないし、まして数十機の大規模投入など、制空権を持たなくては到底できる相談ではなかった。

海軍滑空空挺部隊のク八－Ⅱを、曳航する九六式陸上攻撃機二三型の銃座から見る。茨城県～千葉県の上空を飛行中だ。

二十年六月に進級した大川少佐は、マリアナ諸島のB－29基地の爆撃や、米本土へ特攻攻撃をかける、遠距離爆撃機キ七四の審査副主任を務めていた。だがこれは名前だけで、実機にタッチしたことは一度もなかった。

全航空戦力を統合運用する航空総軍司令部の、参謀に任じられた三笠宮崇仁《たかひと》親王少佐が、飛行機の知識を得るため、福生を訪れたのは七月一日だ。審査部最後の本部長・緒方辰義中将をはじめ、少佐以上の部員たちが列立拝謁《はいえつ》する。皇族については、階級など問題外だ。中将以下、緊張して殿下を迎えた。

ク八の番が来て、アガらない性格の大川少佐が、三笠宮の質問に答える。「お乗りになりますか」「乗るよ。ぜひ」。少佐は正操席に宮を座らせて、副操席からおちついた説明を続け、質問にも臆《おく》せず答えた。

列立拝謁の審査部幹部のなかに、飛行実験部長の瀬戸克己大佐の姿がなかった。対艦用誘導弾イ号一型の実験で、琵琶湖《びわこ》へ出張中だったからだ。

三笠宮の来訪に瀬戸大佐および同行の幹部が間に合うよう、この日の朝、特殊隊が持つ一式双発高等練習機を迎えに出した。ほぼ同時刻にもう一機の一式双練を、ほかの用事で高松へ向かわせる。二機はともにベテランが操縦していたが、高松行きの方には無線機が積まれていなかった。

瀬戸大佐たちを乗せた双練が、琵琶湖に近い八日市飛行場を飛び立って伊勢湾上空に至ったとき、無線機に空襲警報が伝えられた。くわしい状況を聞くため浜松飛行場に降りて、浜松教導飛行師団の待機所《ピスト》へ行くと、潮岬からB－29一機が侵入したとのこと。

戦闘機操縦者出身の瀬戸大佐は、この敵機が中京空襲への前ぶれと判断し、まきぞえを食わないうちに福生へ向けて発進した。だが、B－29は誘導機で、その後ろを飛んできたのは硫黄島からのP－51D「マスタング」の集団。第531戦闘飛行隊の四機編隊に追われた双練は、無理な不時着を試み、副操縦席の瀬戸大佐と主操縦席の上西《じようにし》大尉は、機首部への衝撃を受けて戦死した。

もう一機の無線機を持たない双練は、偶然に同じころ高松飛行場を離陸し、天候不良を避けて小牧飛行場に降りていた。P－51群が去ったあと福生へ向かい、事なきを得たのだった。無線機を持たない機が無事にもどり、無線機で情報を入手した機がやられてしまった。二機の意外な状況を知らされて大川少佐は、人間の運命の不合理を痛切に感じ、消化しがたい感覚が脳裡に強く焼き付いた。

士官候補生のころからあこがれた滑空機による空挺作戦。自ら得ようとせずともその道を進み、実現に努力をかたむけて、ついに実らぬまま、あと一ヵ月半で敗戦を迎えてしまう。

新選組隊長の討ち死に
——零戦と「紫電改」で見せた闘魂

きかん坊、飛行学生に

太平洋戦争が後半に入ってから、海軍兵学校出身者の搭乗員教育課程である飛行学生を卒業した、海兵七十期出身者は一七七名。その七三パーセントにあたる一二九名が戦死、戦病死、殉職で散っており、彼らの戦いぶりのすさまじさと戦局の苛《か》烈《れつ》さが知れる。

そのなかで二階級特進者は一二名を数えるが、九名は特攻および特攻機掩護《えんご》、それに自発的な体当たりで散華し、通常攻撃によるものは三名にすぎない。そして、そのうち戦闘機搭乗員はただ一名、第三四三航空隊の戦闘第三〇一飛行隊長を務めた菅野《かんの》直《なおし》中佐（戦死時大尉）のみである。

菅野中佐は大正十年（一九二一年）九月二十三日、朝鮮の平壌で生まれた。菅野家の本籍は宮城県にあったが、父の職業の関係で、異郷の地に第三子として産声《うぶごえ》をあげたわけである。

宮城・角田《かくだ》中学へ進み、兄の巌《いわお》さんが同中学を卒業すると、目の上のコブが取れたように、持ち前のわんぱくぶりを発揮して、校内で知らぬ者のない暴れん坊になった。家庭内でも同様で、米沢高専で学んでいた巌さんが夏休みにもどると大人しくなるため、妹たちから帰省を喜ばれたという。もちろん、今はやりの家庭内・校内暴力のような陰湿な行為ではなく、いわゆるガキ大将のやんちゃさだった。

在学中に海軍兵学校、陸軍士官学校を志し、陸士の方は身長不足で合格しなかった。このとき陸軍は、きわめて有能な戦闘隊指揮官を一人、失ったことになる。一方、海兵には無事に合格、昭和十三年（一九三八年）十二月に第七十期生徒として江田島に入校した。開戦直前の十六年十一月に卒業ののち、戦艦「扶桑」の機銃分隊士を務めた。

彼の性格からすれば、多勢の乗り組む大型艦で一部署を受け持つより、個人の闘志をよりむき出しにできる飛行機、とりわけ戦闘機乗りが似合うのは当然で、航空を志望し、第三十八期飛行学生に選ばれた。昭和十七年六月から霞ヶ浦航空隊で中間練習機教程を、十八年二月から九月まで大分空で戦闘機の実用機教程を学んだ。霞空では九三式中間練習機で、離陸から着陸態勢に入るまでフル・スロットルで飛んで教官を驚愕《きょうがく》させるなど、異色のエピソードを残している。

昭和十八年四月に巌さんが会ったさいには、戦闘機乗りのコースに進んで「わが意を得たり」の感じだったという。菅野中尉（当時）は海兵卒業後一度も家へ帰らず、これが肉親との最後の面会になった。

外地でも勇猛ぶりを発揮

飛行学生を卒業後、初代三四三空分隊長、二〇一空・戦闘第三〇六飛行隊分隊長、ついで同飛行隊長として、内《うち》南洋、中部太平洋、フィリピンを転戦。この間に技倆に磨きをかけ、いっそうの闘志をみなぎらせていく。

なかでもすさまじいのは、戦闘三〇六に着任後まもなくの昭和十九年七月中旬〜下旬、ヤップ島へ前進してのB－24邀撃《ようげき》戦である。

戦闘三〇六の基地は、フィリピンのミンダナオ島ダバオに置かれていた。六月下旬からヤップ島が、アドミラルティ諸島ヌンフォル島（西部ニューギニアの北）から飛来するB－24の定期爆撃を受けており、菅野大尉はこれを落とすため分隊員に「おい、邀撃に行こう！」と声をかけた。

ヤップ派遣隊に指名された搭乗員は、気合の入った大尉を見て「エライ分隊長がおるもんやな」との印象を抱いた笠井智一一飛曹ら、合計一〇名。このなかには笠井一飛曹のほか、日光安治一飛曹、新里《あらさと》光一一飛曹という、のちに二代三四三空でも菅野大尉に仕える、第十期甲種飛行予科練習生出身の三名が含まれていた。

ヤップ島を爆撃する第13航空軍のB−24。3機目は激しく発火中のように見える。実状は不明ながら、時期は菅野大尉たちの派遣のころと思われる。

ヤップでの邀撃戦は、行動調書に残っているものだけでも七回。延べ出撃機数四七機で三名、六機を失いながら、B−24撃墜八機、撃墜不確実七機、撃破四二機をはたした。逆落《さかお》としの直上方と、突き上げる直下方攻撃を主戦法とし、単縦陣でB−24編隊に突入。いずれの空戦でも菅野大尉は、一番機として先陣を切った。

彼はいつ戦死してもいいように、わずかな必需品を入れ「故海軍少佐（戦死すれば一階級あがる）菅野直の遺品」と書いた箱を用意し、ふつうなら誰もが喜ぶ内地への飛行機受領にも、「もうじき大戦闘が起こるから」と応じなかった。だが九月末になって、飛行長の中島正少佐から「飛行機を取りに内地へ帰れ」と命じられ、笠井一飛曹らをつれてしぶしぶ群馬県太田の中島飛行機へ向かった。ところがこの間の十月十七日、米軍はレイテ湾口のスルアン島に上陸を開始、フィリピン決戦の幕が落ちる。

ここで二〇一空は、一航艦司令長官・大西瀧治郎中将の命を受けて、起死回生の策とみなす特攻隊編成に着手した。

副長・玉井浅一中佐と中島少佐が、初の特攻指揮官としてすぐに思い浮かべたのが、勇猛果敢な菅野大尉だった。しかし彼は内地に出張中で、結局、同期の関行男大尉を選出。その後にルソン島マバラカット基地に帰ってきた菅野大尉は、「俺がおったらな」とこれを残念がった。なんども特攻要員を志願したが、空戦技術が優れているため却下され、新鋭戦闘機隊の基幹要員を命じる辞令により、晩秋のフィリピンを離れて横須賀空へと向かった。

三四三空の編成

十一月末に出た菅野大尉を追うように、笠井上飛曹（十一月一日付で進級）らは玉井副長から「横空へ行ったら菅野がいる。会って命令を受けよ。特殊部隊を編成するのだ」と言われ、十二月上旬に横須賀航空基地に到着した。ふたたび大尉とまみえた彼らは、「紫電」一一型の操縦訓練を開始。大尉から、飛行爆弾「桜花」を抱いた一式陸上攻撃機の直掩《ちょくえん》隊になること、司令は源田実大佐であることを聞かされる。一時、二五二空に編入とのうわさも出たが、結局三四三空・戦闘第三〇一飛行隊員に加わることが判明した。

この二代目の三四三空については、いまさら説明を要しないほど有名である。軍令部の航

昭和20年（1945年）正月に撮影した戦闘第三〇一飛行隊集合写真の菅野大尉。小柄な体格だが、部下たちをこぞって従わせる空戦技倆と人間性をそなえていた。

空主務参謀を務めていた源田大佐は、制空権を奪回しうる精強な部隊の必要性を痛感し、みずから司令の職に就《つ》いてこれを率いようと決意した。所属飛行隊はいずれもフィリピンで戦力を消耗した戦闘三〇一、四〇七、七〇一と、事前に敵情を知るための偵察第四飛行隊（昭和二十年二月一日付で編入）。装備機は最新鋭の乙戦（局地戦闘機）「紫電」一一型、すなわち「紫電改」と、艦上偵察機「彩雲」に決まった。

「紫電改」三個飛行隊のうち、準備の着手が最も早かったのが戦闘三〇一で、横須賀基地にいるうちにオレンジ色のテスト用「紫電改」で慣熟飛行を始めている。三四三空の開隊は昭和十九年十二月二十五日、基地は松山と定められ、まず菅野大尉以下の戦闘三〇一が移動。以後、戦闘三〇一、七〇一、四〇七の順で訓練が進み、源田司令が想定する近代的編隊空戦の実現をめざす。

司令は無線による編隊間の連係、満を持しての集中使用、基幹搭乗員にベテランを配して若年搭乗員のすみやかな練度向上をはかるなど、現実を見すえた方針をとったが、精神的な闘志の鼓舞も忘れなかった。すなわち、三四三空を「剣《つるぎ》」部隊、戦闘三〇一を「新選組」、四〇七を「天誅組《てんちゅうぐみ》」、七〇一を「維新隊」、偵四を「奇兵隊」と名付け、これを墨書した看板と幟《のぼり》を指揮所に立てたのだ。そして、池田屋事件で先頭に立って斬りこんだ近藤勇を思わせる菅野大尉は、新選組を率いるのにぴったりの指揮官であった。

左から松村正二大尉、新里上飛曹、杉田上飛曹、笠井上飛曹、整備の先任下士官。「紫電改」に乗っているのは三ツ石幹雄一飛曹。20年の初め、松山基地でのスナップ。

翌二十年の一月中は主として中翼の「紫電」一一型を使って訓練を進めた戦闘三〇一も、二月なかば以降は「紫電改」の方が多くなり、最も難度が高い編隊での優位・劣位戦にまで進んだ。菅野大尉の訓練はきびしかったが、飛行機から降りれば「気さくで、階級などにはかまわず友だち付き合い。よく話しかけてもらえる」と甲飛十期の桜井栄一郎上飛曹が感じたように、なにかと部下の面倒を見た。特乙一期の田村恒春飛長も「闘志もすごいが、同時に緻密《ちみつ》」と彼の人となりを称賛した。

敢闘精神あふれ、空戦技倆も同期生のなかで群を抜き、遊ぶときは思いきりハメをはずす。

戦闘三〇一付の整備士官、加藤中尉（大尉進級後）と後輩の古藤中尉。後ろには整備中の「紫電改」が見える。

こんな隊長が、部下たちから慕われないはずがない。ソロモンで山本五十六司令長官を護衛した生き残り、南東方面の激烈な航空戦に名をはせた丙飛予科練三期の杉田庄一上飛曹も、菅野大尉に心服し、大尉をけなす者があれば誰であろうとつかみかかるほどだった。

装備機「紫電改」の性能については多くの文献があり、ここで詳述する必要はあるまい。陸上戦闘機の記号がJで、「紫電」一一型がN1K1-Jであることから、戦闘三〇一の隊員たちの多くは「紫電改」を「J改」と呼んでいた。二〇ミリ機銃四梃の強力な武装、ずんぐりした図体のわりに良好な運動性、グラマンF6Fと互角の速度。笠井上飛曹の「『J改』に乗ったら、零戦なんかに乗れない」という言葉が、その優秀さを端的に物語っている。

だがその高性能機も、充分な整備なくしては威力を発揮しえない。三四三空の三個飛行隊はそれぞれ固有の整備隊を持ち、戦闘三〇一では整備分隊長を中津留勝義大尉が務めたが、三四三空開隊以前から「紫電改」の機材研究に打ちこんでいたのが、海軍機関学校五十三期生徒（海兵七十二期と同格《コレス》）出身の加藤種男中尉である。

加藤中尉は六三四空付でフィリピンへ出るところを呼びもどされ、整備教育の相模野《さがみの》航空隊で「紫電改」の取り扱いについて二〜三ヵ月間、じっくりと学んだ。川西製戦闘機独特の水銀を利用した自動空戦フラップや、「誉」エンジンのケルメット（銅と鉛の合金）部に整備上の難点が見受けられ、「よほど練度の高い者を集めねば」というのが彼の結論だった。

だが、三四三空が開隊して逐次集まってきた整備員は、班長クラスがみな高等科整備術練習生の出身者で、一般整備員でも普通科を出て技倆の確実な者が大半を占めていた。彼らは先任分隊士・加藤中尉の指導のもと、「紫電改」の扱い方を着実に吸収していく。

中尉もまた、あけっぴろげで豪胆な菅野大尉にほれこんだ。こうして戦闘三〇一は、きたるべき初交戦に向けて〝菅野一家〟の結束を固めていった。

松山から南九州へ

昭和二十年三月十九日、西日本を襲う米艦上機群とのあいだに、三四三空初の邀撃戦がくり広げられた。早朝、偵四の「彩雲」から発信された「敵機動部隊見ユ、室戸岬ノ南三〇浬《カイリ》」の電文に始まる、名高い松山上空の大空戦である。

「文句なしに俺についてこい！」。菅野大尉は戦闘三〇一の二一機をひきいて、三個飛行隊の最後に発進。不調機をのぞく一八機が、大崎上島上空でF6F五五機と空戦に入る。大尉はまず一機を撃墜して新選組の初戦果を飾ったが、次の敵を捕捉攻撃中に後方からの射弾を浴びた。

発火炎上する愛機から落下傘降下で生還した彼は、先に帰投（帰港投錨を略した帰還の意の海軍用語）した隊員たちが待つ指揮所にやってきた。火傷《やけど》で真っ赤になった顔を見た部下たちの「早く医務室へ行って下さい！」の声に送られて、軍医に診てもらいはしたけれども、包帯を巻かせず、顔中にまっ白な薬を塗ってもどってきた。

この空戦のすぐあと、新しい菅野大尉機に一五号機が決まった。隊長機の整備をみずから受け持っていた加藤分隊士に、菅野大尉は隊長機の目印として、胴体に黄帯を入れるよう提案した。「黄を塗ったら、（隊長機と思って）敵が喜んで集まってくる。そいつをやっつけるんだ」というのがその理由で、いかにも大尉らしい発想である。以後、彼はこの一五号機を主用し、戦闘三〇一で帯二本を入れたのもこれ一機だけだった。飛行隊長機に帯二本のアイディアは、続いて四〇七、七〇一の両飛行隊でも採用される。

三月末以降、主戦場は沖縄に移った。三四三空は特攻機の進路をはばむ敵戦闘機を制圧するため、基地を鹿児島県鹿屋へ進める。

四月十二日、菅野大尉の指揮のもと、戦闘三〇一と戦闘七〇一の混成三四機は、喜界島上空で敵F4UおよびF6F約八〇機と交戦。杉田上飛曹の四機撃墜（うち一機不確実）を筆頭に、堀光雄上飛曹、笠井上飛曹、桜井上飛曹らが戦果をあげ、一五号機に乗った菅野大尉もF6F一機を落とした。

報じられた総合戦果は撃墜二三機（うち不確実二機）にのぼったが、「紫電改」の未帰還も一一機を数え、このなかにはヤップ島でのB－24邀撃で大尉とともに戦った新里上飛曹も含まれていた。さきの三月十九日の空戦では日光上飛曹が戦死しており、大尉のヤップでの状況を知る三四三空搭乗員は、笠井上飛曹だけになってしまった。

4月10日、沖縄戦に加わるため鹿屋基地へ向けて松山基地から「紫電改」15号機が発進にかかる。搭乗するのは菅野大尉。

四日後の十六日、同じく喜界島方面の索敵攻撃で、菅野大尉はやはり一五号機を駆ってF6F一機を撃墜。いずれの空戦でも彼は、敵を発見するや即断即決、まっしぐらに突進するため、列機、とりわけ護衛の二番機はついていくのが大変だった。

前日、鹿屋から離陸するところを第46戦闘飛行隊のF6Fに襲われて、杉田上飛曹が宮沢豊美二飛曹とともに戦死したことから、源田司令は横空から練達の武藤金義少尉を呼んで、菅野大尉を守らせるという異例の処置をとった。司令は回想録に「稀《まれ》に見る闘魂を持った飛行隊長を、むざむざと殺したくなかったからである」とまで記している。

敵の主攻撃目標で激しく空襲される鹿屋から、四月十七日に第一国分基地へ後退。南九州の飛行場を爆撃に来るB－29を、二十一日に迎え撃った。霧島から日南海岸へ抜けた敵九機編隊を直上方から襲って、大尉が一機を葬った。加藤整備分隊士らに「対B－29は8の字攻撃（直上方攻撃をかけたあと上昇して直下方攻撃）をやるんだ」と語っていたところから、ヤップでの対B－24攻撃をベースにしていたと思われる。

隊長、還《かえ》らず

第一国分も鹿屋と大同小異で、敵の激しい空襲にさらされるため、四月二十五日にいったん松山にもどって陣容を立て直したのち、月末に長崎県大村基地へ移動した。

大村でも菅野大尉は、対B－29戦闘に闘志を燃やす。杉田区隊の四番機を務めていた田村二飛曹（五月一日に進級）は、菅野区隊の四番機に編入され、大尉の典型的な直上方攻撃をまのあたりにする。一〇〇〇メートルの高度差から反転した隊長機が、敵一番機の前方を抜けたと思ったら、B－29はガクリと機首を下げて墜落したのだ。

よく戦い、精強を自認し続けた三四三空も、衰えを見せない敵の攻勢の前に、じりじりと戦力を失っていく。すでに四月二十一日のB－29邀撃戦で戦闘四〇七飛行隊長・林喜重《よししげ》大尉が戦死。七月二十四日には七〇一隊長の鴛淵《おしぶち》孝大尉が艦上機群との交戦で散り、同日には司令が呼びよせた武藤少尉も帰らなかった。ただ一人残った開隊以来の飛行隊長・菅野大尉にも、最後のときが訪れようとしていた。

八月一日、沖縄方面から来襲する敵機を迎え撃つべく、発進した「紫電改」は各隊合計で二〇機。屋久島と佐多岬の中間で、大尉はＢ－24編隊を発見、無線電話で各機に知らせたのち、三番機をつれて突進し、敵に燃料を吐かせた。手負いのＢ－24に、二番機・先任下士官の真砂《まさご》福吉上飛曹と四番機・田村二飛曹が側方攻撃を加える。

両機が「もう一撃」と上昇したとき、上方から敵戦闘機が降ってきた。敵影を視認したのが一瞬で、機名までは分からなかった田村兵曹にくらべ、ラバウル〜ソロモンの航空戦でキャリアを積んだ真砂兵曹には、刹那《せつな》にＰ－51と判別できた。急旋回で避けた二人は、隊長機から離れてしまった。

このとき、二区隊長・堀飛曹長は「機銃膅《トウナイ》内爆発、コチラ菅野一番」の電話を聞いた。膅内爆発とは、銃身内での弾丸の暴発をいう。堀飛曹長がまわりを探すと、右下方に菅野機が飛んでいたので、降下して左後方につく。隊長機の左翼中央には、直径三〇センチほどの穴があいているのが見えた。歴戦の飛曹長はあくまで大尉の護衛を続けるつもりでいたが、敵機撃滅の念に燃える大尉が怒って「早く敵機を攻撃にいけ！」とゲンコツで殴る格好をしているため、やむなく了解をバンク（主翼を上下に振る）で示して戦闘空域へ向かった。

これが、隊員が見た菅野大尉の最後の姿になった。「空戦ヤメ、集マレ」の電話を残して、ふたたび彼は大村にもどらなかった。

B－24を攻撃中の「紫電改」に襲いかかったのは、伊江島から来た第348戦闘航空群（第5航空軍隷下）のノースアメリカンP－51KおよびDである。ウィリアム・D・ダンハム中佐、エドワード・S・ポペク少佐、トーマス・M・シーツ中尉の三名が、同じ空域で「四式戦」（「紫電改」の誤認）合計四機の撃墜を報じた。

三四三空は菅野大尉のほかに、戦闘三〇一の森山作太郎一飛曹と戦闘七〇一の吉岡資生上飛曹を失っており、両機ともP－51に落とされた可能性が高い。暴発事故後の菅野機も、敵パイロット三名の誰かに撃たれたのかも知れない。

この日、事故後の治りきらない身体で出撃した笠井上飛曹は、「もう帰ってくるだろう」と隊長機を待ち続けたが、夜になっても連絡が入らず「どこかに不時着されているのか」と案じていた。

数日後に戦死が確定したとき、彼は激しいショックを受け、「これで戦争は負けた！」と痛感した。大尉を兄と慕う田村二飛曹は、敗戦後も八月いっぱい戦死を信じられなかったという。

角田の実家に戦死公報が入ったのは、三ヵ月がすぎた十一月三日。奇しくも、海兵の合格通知が届いたのが七年前のこの日であった。

ニューギニアを支えた男
——偉丈夫《いじょうふ》は非力な「隼」で闘った

「まさに快男子、竹を割ったような性格というのは、この人のためにある言葉かと思えるほどの、ほれぼれする好漢であった。型破りの颯爽《さっそう》とした長身で、いつも男性的な野性味を発散させていた。その明朗、その恬淡《てんたん》たる風格、そして豪勇にして、てらわず、ぶらず、これほど衆望を集め、上下同僚に愛された人物は、また稀《まれ》であった」

男ならこうありたいと思える、理想の人物評は、航空士官学校（航士校と略称）五十期出身の黒江保彦さんが戦後に、一期後輩の故・南郷茂男《しげお》中佐について記したものだ。

黒江少佐の戦闘機乗りとしての令名は高い。その彼が、昭和十六年（一九四一年）に航士校の教官（区隊長）をともに務めただけの短い関わりだけで、ここまでの評価を書き残すのだから、故・南郷中佐の傑出ぶりが想像できよう。

南郷次郎海軍少将には三人の子息があった。長男は日華事変で戦死した高名な海軍戦闘機搭乗員の茂章《もちふみ》少佐（戦死時は大尉）。次男の茂重《もちしげ》さんは視力低下のため農林省に入り、北京大使館勤務。そして三男が、黒江少佐に賞讃された茂男中佐である。

海軍色が濃い一家だから茂男さんも、海軍将校への登竜門である兵学校を受験した。体格、学科ともに問題なかったが、独特の握力・懸垂測定が引っかかった。

下がった太い麻縄の先にコブを作ってあり、それを片手で握って、一分間ブラ下がる。索具を扱う帆船時代のなごりだろう。茂男さんはコブから手が離れて落ち、くり返しても成功しなかった。コブに前の受験者の手脂《てあぶら》が付いて、滑りやすいこともあったのではないか。

いっしょに受けていた、学習院中学で一年後輩の日高盛康さんは、茂男さんの不合格を嘆き、「海軍が採用しなかったのは、実に残念」と筆者に語った。零戦隊の名指揮官を務めた日高さんも、先輩は黒江評どおりの人物と思っていたからだ。

初陣は英軍機と

航士校を出て少尉に任官した将校操縦要員のうち、戦闘分科（戦闘機コース）を命じられた者は、三重県の明野飛行学校で実用機の操縦と戦技を学ぶ。この乙種学生教育を昭和十四年八月末に終えた南郷少尉が、初めて着任した実戦部隊は、ノモンハン事件で戦闘中の飛行第三十三戦隊。しかし出動の機会を得ずに終わり、十六年五月から航士校で区隊長の任務に就《つ》いた。

戦意の高い者ほどうんざりする航士校の教官勤務から離れられる、二度目の実戦部隊への辞令が出たのは昭和十七年一月。開戦前に一式戦闘機「隼」を最初に装備した飛行第五十九戦隊の、第二中隊長として、大尉に進級した直後の三月九日にジャワ島カリジャチ飛行場に着任した。

昭和17年(1942年)夏、ジャワ島西部のバンドン飛行場に設けられた飛行第五十九戦隊のピスト。右後方に一式一型戦闘機が見える。南西方面のジャワ島は戦場としては穏やかだった。

ちょうど蘭印軍が降伏した日で、南方進攻作戦は一段落。以後、大規模な空戦を経験せずに昭和十八年を迎える。

ジャワ島、チモール島へ散発的に来襲するオーストラリア空軍の「ボーファイター」双発戦闘機や「ボストン」双発攻撃機、B－24と同型の「リベレイター」四発重爆撃機と戦いつつ、一式戦一型を馬力一割アップの二型に機種改変。二個中隊から三個中隊編制へと戦力を増す五十九戦隊にあって、南郷大尉の技倆《ぎりょう》は着実に向上していった。

上部組織の第七飛行師団が、海軍の第二十三航空戦隊と競って実施した、オーストラリア北

ジャワ島東部のマランへ移動後の17年秋、近郊の療養所に休養に来た第二中隊の操縦者たち。前列左から山内信之中尉、吉田昌明中尉、中隊長・南郷大尉、稲葉中尉、桑田中尉。後列は下士官。服装にもゆとりが感じられる。

西部の要衝ダーウィンへの空襲は、十八年六月二十日と二十二日の二回。

チモール島ラウテンからの長距離洋上飛行を全うすべく、胴体内にも増加タンクを付けた一式戦二型二二機は二十日、百式重爆撃機と九九式双軽爆撃機の直掩《ちょくえん》任務で出動した。ヨーロッパでドイツ空軍と戦ってきた第54、452、457の三個飛行隊《スコードロン》の「スピットファイア」Vc戦闘機との空戦で、五十九戦隊は一一機の撃墜を報告。南郷機の戦果は判然としないが、僚機の桑田茂人中尉が敵弾に散った。戦隊の損失はこの一機だけである。

敵の邀撃《ようげき》を予想して五十九戦隊だけが進攻した二十二日は、会敵ゼロで空戦はなし。これが戦隊にとって南西方面での最後の作戦になった。七飛師の隷下《れいか》戦力のニューギニア方面への転用が決まったからだ。

質と量の両面で対応しやすい英豪空軍に比べ、まもなく出会う米陸軍の第5航空軍は、はるかに強力だった。この手ごわい敵を相手に、南郷大尉の真価が発揮され、彼の存在感が高まっていく。

1943年（昭和18年）５月、敵機接近中の警報でドボデュラ（日本軍呼称はハーベー）から第49戦闘航空群のP–40Kが発進する。速度、火力、耐弾性のいずれもが一式戦を上まわっていた。

激務の始まり

十八年なかばの東部ニューギニアは、第十二飛行団の飛行第一戦隊と十一戦隊（ともに一式戦）が内地へ戦力回復に帰り、十三戦隊（二式複座戦闘機甲型「屠龍」）と二十四戦隊（一式戦二型）が戦闘を継続。十二飛団のかわりに新鋭・三式一型戦闘機「飛燕」装備の十四飛団（六十八、七十八戦隊）と、五十九戦隊が参入する状況だった。

米第5航空軍の戦闘機はP－39Q「エアラコブラ」、P－40KとN「ウォーホーク」、P－38F「ライトニング」の五個航空群《グループ》。日本側の可動機数は敵の三分の一に満たず、その差はしだいに開くばかり。

性能の面でも、速度は三式戦がなんとか対抗できるだけで、五一五キロ／時と鈍速の一式戦では、カタログ値比較で最大速度が七〇～一二〇キロ／時も劣り、火力も三～四割しかないため、軽快な運動性とチャンスを生かせるタイミングを見つけるほかに手がなかった。対戦闘機戦には役立たせにくい低発射速度の二〇ミリ機関砲、一式戦なみの速度に加えて運動性がにぶい二式複戦も、使いがたい機材だ。

ジャワ島から七月七日以降、二中隊、戦隊本部、三中隊、一中隊の順で五十九戦隊の移動が行なわれ、十一日までに二七機が、環境劣悪なブーツ東飛行場に到着した。

五十九戦隊の東部ニューギニアにおける第一戦は八月十五日。ブーツの南東方向、敵の新飛行場ファブア（ファブバとも呼んだ。米側呼称はチリチリ）へ向かう九九双軽七機を、五十九戦隊の二二機と二十四戦隊の一式戦二型一四機が掩護《えんご》する。

八月前半のあいだに南郷大尉は、戦隊本部付の先任将校に任じられた。地上指揮が主体になりがちの戦隊長・福田武雄少佐に代わって、三個中隊の空中指揮をとるのだから、のちに設けられる飛行隊長と同じ役目だ。後任の二中隊長を、二期後輩（航士五十三期）の稲葉松平中尉が務める。

この十五日の出撃も、五十九戦隊を率いたのは南郷大尉だったと思われる。

おりから空輸任務で降着中のC－47輸送機群と上空警戒のP－39を見つけて攻撃し、混戦のすえに一式戦はP－39一四機とC－47七機の大量撃墜を報じた。C－47を攻撃のさい、敵機の潤滑油を浴びた南郷大尉は、とっさに乗機の被弾と間違えて、帰還は無理と自爆を決意するところだった。

実際の敵の損失はC－47一機と第35戦闘航空群のP－39四機だけだが、敵も双軽一一機（実数六機）と一式戦三機（損失なし？）撃墜の過大報告をしている。二〜三倍の誤認は戦果に付きものなのだ。

翌十六日も一式戦三三機（うち五十九戦隊一九機）、九七式重爆撃機三機でファブアを攻撃。在空の敵戦闘機と激しい空戦が始まり、途中で高空にいた第475戦闘航空群のP－38が加わったため、苦しい戦いへと変わった。

合計撃墜数は二一機（うち不確実七機）を数えたけれども、新二中隊長の稲葉中尉を含む三機が落とされたのは戦隊にとって痛かった。米側の記録ではこれが一六機撃墜にふくらんだ。過度の戦果膨脹に加え、一式戦を零戦あるいは九七式艦上攻撃機などとも誤認しているのは、主に交戦した第475戦闘航空群が初陣だったためだろう。

第一撃で敵機を空中衝突させた南郷大尉は、参戦した敵機種を「P－39、P－40、グラマン、P－38」と日記に書いている。「グラマン」とはF４Fでも新鋭機F６Fでもなく、新たに参入したP－47D「サンダーボルト」（第348戦闘航空群・第340戦闘飛行隊機。レザーバック風防の初期型）を見誤ったものである。そして文末に、部下三名の戦死を「遺憾《いかん》のきわみ」としたためた。

優れた人間性

米第5航空軍の反撃は八月十六～十七日、B－24、B－17両重爆の夜間波状爆撃で始まった。十七日の朝にはB－25双発爆撃機とP－38の奇襲が加えられ、第四航空軍（南東方面担当の新編トップ組織）隷下《れいか》の実働戦力は一三〇機から四〇機へと激減し、五十九戦隊も可動九機へと落ちこんだ。

続いて八月十八日の午前八時すぎ、敵接近中の情報が入るや、ブーツ東飛行場の待機所《ピスト》のサイレンが唸《うな》り出し、一式戦がならぶ準備線のあたりで「回せーっ」の声がかさなり響く。始動するエンジン。車輪止めを払われた機は競うように出発点へ走行し、離陸にかかる。整備兵たちが「早く、早く！」ともどかしげに見つめるうちに、情報入手からわずか一〇分あまりのち、飛行場背後の山々の稜線にそって、B－25編隊が小さく見えてきた。

南東方向へ離陸した一式戦は高度をかせぎつつ、投弾のため侵入する敵機に機首を向けて突進。直前方から射撃を加えるとB－25は火を発し、樹林のなかに墜落した。爆音、射撃音、飛翔音、炸裂音が空に満ちる。

この日、ブーツおよびその東のウエワクを襲ったのはB－25五三機、B－24一七機、B－17九機と護衛のP－38が七四機。五十九戦隊では短時間に九機が発進し、一中隊の原武中尉と揚村益郎曹長を失いながら、B－25五機とP－38二機撃墜を報じる健闘を示した。

敵襲を伝えるサイレンを鳴らし、「もう七〜八分、情報が早ければ」と歯がみしていたのが、航士五十五期出身の川村博中尉だ。

昭和十七年七月にジャワ島バンドンに着任し、一中隊の整備班長を務める。十八年三月、整備の要職である戦隊本部付の兵器主任に昇格。六月のダーウィン空襲にさいしては、機内増加タンクの製造交渉や燃料消費率の低下に心を砕いた。兵器主任の立場上、南郷大尉と接する機会が生じ、大尉が戦隊本部付になって以降は当然ながらその頻度《ひんど》が高まった。

来襲情報が遅延し、ウエワク東飛行場へ低空侵入による爆撃をかけてきた第345爆撃航空群のB-25。ブーツ東飛行場も同様の空襲を受けた。

したがって川村さんは今日《こんにち》、南郷大尉の実像について語れる数少ないうちの一人だ。同じ東京生まれ、操縦と整備の違いはあったが、区隊長と生徒の立場で同時期に航士校にいたのも、間接的ながら縁だろう。

偉丈夫でヒゲが濃く、頼もしい容姿の南郷大尉。秀でた実行力をそなえ気迫に富むが、激しはせず、頬《ほお》をふくらませ気味に訥々《とつとつ》と話す。半面、あまりうまくない冗談を口にする茶

整備将校の川村博中尉。看板の「中尾部隊」は前任戦隊長・中尾次六少佐当時の呼称。マランで。

目っ気、親しみやすさがあった。

高空性能がいいＰ－38への対抗策に燃料混合比の変更を考え、自動高度弁用のバネを見つめていると、「おい川村、また猿知恵を出しているな」。からかい半分のようだが、南郷流の励ましなのだ。

敵来襲の情報がカラ振りで、一式戦が着陸したところをＢ－24に襲われた八月三十日。大尉が福田戦隊長とともに空に吐いた「しまった！」の声。続いて大型爆弾炸裂の震動に揺すられる。

二型に装備され始めた座席背部の防弾鋼板について、「背当て板はいいが、後方視界の妨《さまた》げになる頭部の鋼板は不要」と判断した南郷大尉は、川村中尉に航空本部へ向けての意見書を書かせた。備考として付した「防弾鋼板ハ不要ト言フモノニ非ズ。後方視界ヲ害サザル頭部防弾鋼板ヲ装備シ得バ理想ナリ」の一文は味わい深い。

こうしたさまざまな思い出が、川村さんの脳裏に鮮明に去来する。

八月二十日の早朝、洋上を単機で飛ぶ四発機がブーツ東飛行場から見えた。初め海軍の二

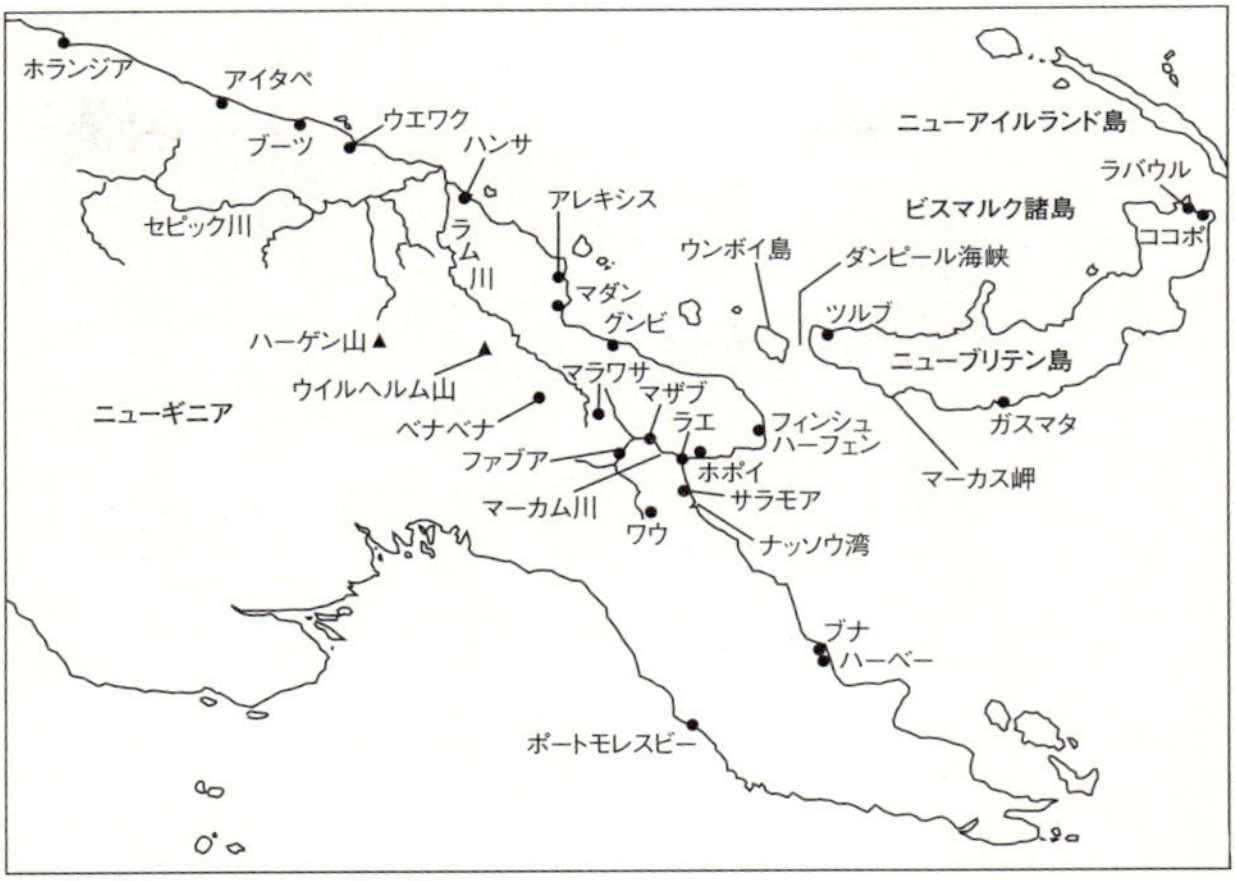

式飛行艇かと思えた機影がB－24と分かるや、砂ボコリを立てて数機の一式戦が緊急出動。気づいて増速し離脱にかかる敵に、追いついた南郷大尉は肉薄攻撃を加え、ジャングルに撃墜し去った。

翌二十一日には、上空を掩護する六〇機のP－38と、一八機のB－25の戦爆連合を迎え撃つ。二機・二機の編隊で連係して戦う敵に、劣勢の一式戦は分散を余儀なくされたが、高位から迫った南郷機の一撃がP－38を葬った。

各部隊に戦死者、負傷者、マラリアなどの罹《り》患《かん》者が続き、指揮官も機材も減るばかりのなかで、五十九、二十四、十三戦隊の一式戦をまとめて集成戦闘隊を構成。それでも十数機、一個中隊分ほどしかない戦力の指揮が南郷大尉にゆだねられた。

九月八日は午前と午後の二回、それぞれ一一

18年９月、進出距離の関係で左翼下に落下タンクを１個だけ付けて、ブーツ東飛行場から出撃する南郷大尉の一式戦二型。後部胴体に戦隊本部付先任将校(のちの飛行隊長に等しい)をしめす白ふちの青帯２本と、戦地標識の白帯を塗っている。

機と七機の一式戦で、三式戦とともに百式重爆を掩護して、ラエ東方のホポイの敵上陸地域に攻撃を加えた。

二十一日も午前中にファブア飛行場を攻撃し、午後にフォン半島南岸沖へ飛んで、第49戦闘航空群・第8戦闘飛行隊のＰ－40と空戦しつつ、敵の上陸用船団を銃撃する奮戦ぶり。帰還した大尉が「撃ちまくってきた」と戦闘状況を語る言葉には実感がこもっていた。

部隊を背負って

制空、邀撃、船団掩護《えんご》、対地・対艦攻撃に出動を続け、人員と機材をすり減らした五十九戦隊は、戦力回復の目的で十月二日からマニラに後退し始めた。

将校はみな大東亜ホテルに入ったが、福田戦隊長がいては何となくくつろぎにくい。そこで南郷大尉が「戦隊長は（りっぱな）マニラホテルのほうがよろしいと思います」と申し出て、うまうまと宿を変えさせた。

あとで福田少佐の孤独を案じたのか、川村中尉に「戦隊長一人では寂しいだろうから、君、行かんか」。このあたり、大尉の人柄の一面を感じさせる。

おかげで中尉はホテルを移り、酒豪で鳴らした少佐のワインの相手をしながら、第十四軍司令部や航空廠、補給廠に連絡をとって、機器材、物資、食糧品の取得に駆けまわらねばならなかった。

北西のクラークフィールドで、内地から空輸された一式戦二型の新機を操縦者たちが受領し、合わせて三四機に達した。各自が固有機を持てるだけの機数であり、南郷機として選ばれた機体の製造番号は六〇一〇だった。

戦隊長指揮の第一陣一五機は十月二十八日にクラークを発《た》ってブーツへ向かい、南郷大尉は翌日一〇機で出発した。不運にも福田少佐は途中の十月三十一日、西部ニューギニアのへールフィンク湾内に落ちて行方不明になった。

不在の一ヵ月間に東部ニューギニアの米軍は勢力を増しており、十一月一日ブーツ東飛行場に帰った五十九戦隊はただちに防空戦闘に参加。後任戦隊長はすぐには決まらず、決まっても内地から速《すみ》やかに着任できるような場所ではない。そこで南郷大尉は、十一月六日早朝のマザブ敵飛行場群攻撃を手始めに、空中指揮をこれまでどおり担当するとともに、地上でも戦隊長の代理を務めねばならなかった。

十一月七日のマザブ進攻では、対空射撃を受けなかったため、降下して地上銃撃で一機を炎上させ、一機を撃破した大尉だったが、帰還時に上空から第8戦闘飛行隊のP－40六機に降りかかられて、僚機・四十万《しじま》喜久男曹長を失った。

四航軍が使ってきた戦闘機は一式戦、二式複戦、三式戦の三種類。鈍重で対戦闘機戦ができない二式複戦は別にして、昭和十八年の夏までは三式戦の可動率の低さゆえに、比較的に高速の二式戦闘機「鍾馗《しょうき》」の装備を望む声が高かった。また一式戦は、速度、火力ともに不充分だが、可動率の高さゆえに使用せざるを得ないと判断された。

だが、米第5航空軍が編隊一撃離脱に徹し、かつ新型機をくり出すにつれて、「故障が多くても三式戦でなくては」「軽快さだけがとりえの一式戦では対抗しがたい」とのムードが濃くなった。

南郷大尉がこれを痛感したのが十二月十五日、フォン半島東端のランゲマーク湾での舟艇攻撃時だ。天候不良で三式戦と会合できないまま、百式重爆を掩護中に、第475戦闘航空群・第433戦闘飛行隊のP－38四機が迫ってきた。その高速編隊攻撃を制圧できず、同日の日記に「(敵機は)性能を十分に発揮し、散々やらる。一式戦の時代にあらず」と書いている。

ただし、三日後のニューブリテン島マーカス岬の空戦では、一〇〇〇メートル高位から来襲のP－38約二〇機をうまくかわし、升沢正直少尉機を落とされたが、二機を撃墜した。思わぬ反撃に戦闘をやめ離脱していったP－38を見て、「戦《いくさ》のかけひきというもの、やや分かりたるが如き気持ちなり」と日記にしたためた。場合によっては、一式戦が運動性を生かし、有効な攻撃をかけ得る実例だろう。

昭和十八年十二月中の五十九戦隊の出動日数は一六～一七を数えた。これを南郷大尉がほとんど毎回率い、他部隊機をもしばしば指揮するのだから、疲労は大きかったに違いない。だが、つねに率先垂範の姿勢を崩さなかった。

激戦の合間に、川村中尉は南郷機の胴体内にもぐり、四航軍および六飛師の両司令部があるウエワクへ飛んだ。

「途中、敵機に遭遇したら君にかまわず攻撃する。後方から撃たれたら先に（弾丸が）当たるぞ」

「よろしいです」。中尉は南郷大尉に即答した。

ウエワクには、無事に着いた。参謀長にあいさつする白い防暑飛行服装の大尉を見つけて、参謀や司令部職員が集まってくる。大尉への信頼、ねぎらい、そしてさらなる期待が彼らの表情に浮かび出ていた。

その理由は、十二月二十三日午前の邀撃戦をみれば分かる。着陸にかかるあたりで、エースのニール・E・キアビー大佐が指揮する第348戦闘航空群のP－47四機が低空にいるのを発見。ただちに捕捉、攻撃し、一機を落としたほか一機に黒煙を噴き出させた。

さらに午後、低空を単機飛来したB－24に致命傷を与えた。みずからも四発被弾して、潤滑油がもれ切った状態でウエワク東飛行場にすべりこんだ。

非力とも思える一式戦で、火力四倍の大型戦闘機を仕留め、撃墜困難な重爆に深傷《ふかで》を負わせる技倆と気迫が、頼もしがられないはずはない。

最後まで率先出動

▽エンジン不調を招く磁石発電機の断続器接点の焼損。
▽プロペラピッチ変更機構をはじめとする油圧作動部からの作動油もれ。
▽常に手入れを必要とするエンジン点火栓《せん》の汚損、焼損。

川村氏は上記の三項目を、一式戦整備関係者の苦心点に上げている。そして、「不調で降りてくる機も、かならず直すことができた」と語る。

一式戦の高可動率を支えたのは、熱帯風土病と粗食に耐えながら、愛機を分身とみなして努力を惜しまなかった整備兵たちだ。

ここに、もう一つ付加するならば、それは一式戦二型のハ一一五エンジンと機体の完成度の高さだろう。テストデータが優秀でも、強力な火器を備えていても、無事に飛べなければ意味をなさない。辺境における南郷大尉の活動は、彼と一式戦が組んでの見事な成果と言っていい。

福田少佐の後任戦隊長、佐藤猛夫《たけお》少佐の着任は年の瀬も押し詰まったころ。空襲の連続で荒れたブーツ東飛行場で、佐藤少佐を出迎えた南郷大尉は「ああ、これでやっと安心しました」と述べ、さばさばした表情を見せたそうだ。戦隊長代理の役目が消え、肩の荷の一部が降りたのだろう。

少佐はまわりから「お前は南郷のような男を戦隊付に持って、本当に幸せだ」とうらやましがられた。それを如実に味わったのは昭和十九年一月四日のことである。

一月二日のグンビ進攻で戦闘隊は、飛行第二百八戦隊の九九双軽の掩護を完遂せず敵機と交戦し、双軽二機が失われた。二日後、佐藤少佐がこのときの指揮の責任をとって二百八戦隊長・田中昇蔵少佐に詫びにいくと、快く受け容れられた。

田中少佐は同日の日記に「従来より第五十九戦隊、とくに南郷大尉には敬意を表し居りしところなり」と書いている。掩護不足の不満を水に流した要因の一つが、ここにあったのは疑いない。

南郷大尉の三期後輩、新二中隊長に任じられた飯島正矩《まさのり》中尉が着任し、大尉から「よく来たなあ」と迎えられたのは一月十日すぎ。あい変わらず率先出動を続ける南郷大尉を隊員たちが「不死身」と称えるのを、飯島中尉は耳にした。

東部ニューギニアの一式戦装備部隊は、二十四戦隊と十三戦隊（二式複戦との併用）が前年の十〜十一月に抜け、代わって二百四十八戦隊が参入。新たに六十三戦隊が加わったばかりだった。五十九戦隊長・佐藤少佐は風土病にやられて、半月あまりで空中勤務が不能なまでに体調を崩してしまった。

一月十五日、マラワサの敵飛行場へ向かった南郷大尉の四機編隊は、上空警戒中のP－40四機編隊をつかまえて、まず大尉が後尾機を一連射で撃墜。続いて彼がさらに二機を落としたあと、ようやく気づいて旋回にかかった敵長機を、僚機が撃ち落とす完勝を記録した。双軽部隊長の田中少佐は日記に「南郷大尉は一人で三機を撃墜せる由、好漢やるわい、自重を望む」と書いた。終わりの五文字は、少佐が高く評価する人物の、最期を予見したかのような暗合である。

このころのある夕方、飛行場に近い海岸の椰子《やし》の木陰で大尉は「俺はもう帰れん」と、戦死の覚悟を川村中尉に語っている。質も量もすっかり水を開けられた南の果ての空で、これ以上の善戦継続が不可能なことを、誰よりも知り抜いた勇士の真情に違いない。

自他両方の予感は当たった。戦爆連合七〇機（日本側判断）を邀撃した一月二十三日の午前。消耗と酷使で可動機が減りこんでいた五十九戦隊だが、この日は三機ずつの三個編隊を組めた。指揮官兼第一編隊長を南郷大尉が務め、飯島中尉は第三編隊長を担当した。

高度七〇〇〇メートルに広がる敵機群は、爆撃機集団の上側方と下側方に戦闘機集団を配した三段構成。目に入る戦闘機はP－38ばかりだ。

南郷大尉編隊は下側方のP－38群に向かって突進していく。これを見た飯島中尉も追随し、一撃をかけたときに上空の敵編隊に降りかかられた。

敵のほうが優速なので有効な追撃戦には移行できず、乱戦状態におちいった。下方へ抜けていく南郷機を、中尉は風防ごしに見た。これが大尉についての最後の視認であった。

乱戦後、単機でブーツ東飛行場の上空にもどった飯島中尉の眼下に、P－47が一機入ってきた。捕捉しようと追尾に移ったが、気づいた敵がすぐに増速したため、たちまち引き離されてしまった。

午後、中尉は一式戦を駆って付近の海岸や島を、二時間かけて丹念に探した。「不死身」と呼ばれた人だから、どこかに生きているのではと思ったのだ。

作戦から帰り、ブーツ東飛行場の滑走路わきを歩く南郷大尉。

南郷大尉はふたたび帰らなかった。戦隊の現認証明書には空戦空域が「場所カイリル島東方約三〇キロ、離岸約三〇キロ洋上、敵地まで約三〇〇キロ」と記してある。

「ニューギニアは南郷でもつ」とまで言われていた。もちろん誇大な表現だが、そんなイメージを抱かせた大尉の存在感の大きさが知れよう。そして、彼を失ったニューギニア戦線は以後、急速に崩壊へ向かう。

南郷大尉には四航軍司令官名で個人感状が出され、二階級特進の措置がとられた。「必死敢闘ノ精神ヲ昂揚《コウヨウ》シテ執拗《シツヨウ》果敢ナル攻撃ヲ断行シ、戦隊ノ赫々《カツカク》タル戦果獲得ノ骨幹ヲ成セリ」の感状の文面は、決して大げさではない。

南郷大尉は遺髪も爪も残さなかった。せめてもの品にと、出撃前に吸ったタバコの吸い殻が集められ、やはりジャワ以来薫陶《くんとう》を受けてきた整備の岩村裕中尉が南郷家へ運んだ、と川村中尉は戦隊本部で聞かされた。

「死して還《かえ》らずの透徹した精神、敢然と米空軍に立ちはだかったその雄姿は、まさに仁王の姿」

川村氏の記憶のなかに、南郷大尉はいまも生きている。

激突の果てに
——ダバオ上空「月光」対B－24

「鵄《とび》」部隊の新編

東京オリンピックをまぢかにひかえた昭和三十九年（一九六四年）七月、福岡県で建設業を営む中川義正さんは、厚生省援護局調査課から一通の葉書を受け取った。裏面には、太平洋戦争に参加したアメリカ重爆隊のパイロットが、彼の住所を知りたがっている、と記されていた。

中川さんの脳裏に、にわかに二〇年前のフィリピンの状景が浮かび上がった。住所調査の依頼人は、夜間戦闘機「月光」に乗った彼が、ミンダナオ島ダバオの上空で決死の体当たり攻撃を加えた、四発重爆撃機B－24の機長であった。中川さんは「事実を知らせてやってほしい」と返事を出した。それから八年をへた昭和四十七年、「月光」とB－24のパイロットに、劇的な再会が実現する。

両者の空戦を述べる前に、中川上飛曹が初めて着任した実施部隊、第三二一《さんふたいち》航空隊の状況を記しておきたい。話は昭和十九年（一九四四年）にさかのぼる。

日本海軍夜間戦闘機隊の歴史は、「月光」とともにスタートを切る。遠距離戦闘機として開発されたが失敗（失敗するのが当然のむちゃな性能を要求された）し、二式陸上偵察機に改造されて再度の奉公をしたものの鈍速でパッとせず、このまま消え去るかに見えた中島J1Nを救ったのは、第二五一《ふたごおいち》航空隊司令の小園安名《こぞのやすな》中佐と分隊長・浜野喜作《きさく》中尉だった。

小園司令の考案した斜め銃構想を、お蔵入りになっていたJ1Nの試作機、十三試双発陸上戦闘機を用いて、浜野中尉が具体化し、胴体中央部に九九式二〇ミリ機銃を、三〇度上向きと下向きに二梃ずつ取り付けた。昭和十八年五月十日、二式陸偵にまじってラバウルに進出。それまで打つ手がまったくなかった夜間来襲のB－17重爆に対し、一一日後、後下方にしのび寄って一撃を加え、みごとに撃墜した。夜間戦闘機「月光」の誕生である。

以後二ヵ月間は夜戦に関する組織は二五一空だけだったが、夜戦搭乗員の養成のため厚木空・木更津派遣隊を編成。ついで十月一日付で、新編航空隊では初めての夜戦専門部隊である第三二一航空隊が開隊した。

三二一空は、七月に編成されたばかりの決戦用戦力・第一航空艦隊の直属とされた。一航艦は司令部みずから「大鷲」部隊と称したように、所属する各航空隊は「虎」「獅子《しし》」「豹《ひょう》」

「龍」「雉《きじ》」「鵬《おおとり》」といった動物の名を付けており、三二一空は「鵄《とび》」部隊と呼ばれた。

　三二一空「鵄」部隊の飛行機隊は横須賀基地で、司令部や整備隊を含む地上組織は千葉県茂《も》原《ばら》基地で、それぞれ編成を始めた。この時点では丙戦（夜戦）隊そのものが、まだ発足してまもないため、「月光」で飛んだ経験をもつ搭乗員は三二一空には一人もいない。飛行経歴の長いベテランでも、艦攻、艦爆の出身者が多く、夜戦隊としての訓練方法を摸《も》索《さく》しつつ、錬成を進めねばならなかった。

　機材についても、斜め銃付き「月光」一一型は数が少なく、すぐにはもらえない。開隊当初の装備機は、二式陸偵と球型銃塔装備型（二式陸偵改造の試作観測機型）を合わせて五機しかなかった。それに、横空から若年搭乗員の訓練用に借りた九九式艦上爆撃機が二機、という状況である。

　十一月から十二月初めにかけて、飛行練習生教程を卒業したばかりの、十期甲飛、十六期乙飛予科練生出身者が加わって、搭乗員のあたま数だけはそろってきた。飛行場も横須賀基地では手ぜまなので、一航艦司令部がある千葉県香取へ移動した。

　訓練は香取基地で本格化する。他機種から夜戦に変わったベテランは、まもなく夜間飛行や射撃訓練に移れるが、若年操縦員は着任後一ヵ月の時点で、まだ九九艦爆に乗っていた。偵察員は進度がやや早く、一ヵ月半たつとベテランや中級者にまじって、「月光」を用いた本格訓練に加わった。もちろん個人差はあるが、飛練を出たての若年搭乗員が、「月光」での昼間行動を一応こなせるまでには、操縦員で約三ヵ月、偵察員で二ヵ月ほどかかる。夜間邀撃《ようげき》に参加しうるまでには、さらに二～三ヵ月は飛ばねばならず、夜戦搭乗員の養成は容易ではなかった。

明けて昭和十九年の一月下旬、三二一空の在籍搭乗員数は操縦員と偵察員を合わせて七二名。そのうち、夜間はもとより、昼間の戦闘も無理と判定された者が七割を占めている。夜戦部隊としての働きを期待するなら、あと四～五ヵ月は訓練期間がほしいところだ。しかし、戦局がそれを許さなかった。

マリアナからの〝都落ち〟

三二一空は十九年二月一日付で、一航艦司令長官の麾下《きか》に新編された第六十一航空戦隊に、そのままスライドして編入された。このとき一航艦の守備範囲は、マリアナ諸島を中心とする中部太平洋で、近い将来六十一航戦のマリアナ進出が予定されていた。

二月十七日、米機動部隊に要衝《ようしよう》トラック諸島が襲われて、所在の航空戦力はほぼ全滅。連合艦隊司令部では、トラックに続いてマリアナが空襲される可能性があると判断し、六十一航戦一部戦力のマリアナへの即時進出と、逐次全力進出を命じた。

二～三日前からマリアナ方面への転進準備を始めていた三二一空では、急遽《きゆうきよ》進出人員を選抜し、下令当日の十七日に第一陣九個ペアを、硫黄島経由でテニアン島へ向かわせた。九機の「月光」の胴体内には、整備員を一名ずつ便乗させていた。指揮官は飛行隊長・下田一郎大尉で、搭乗員はベテランが多かったが、乙飛十六期の中川義正二飛曹（操縦）、横堀政雄二飛曹（偵察）、甲飛十期の一木《いちき》茂二飛曹（操縦）らは、第一陣のメンバーに選ばれた。若年者のなかでは技倆の向上が、最も早かったのだろう。

香取基地を発進した九機の「月光」一一型は、対潜哨戒を行ないつつ中継地の硫黄島へ向かった。ほぼ半分の航程を飛んで鳥島の上空に達したとき、一木二飛曹—横堀二飛曹（操縦員—偵察員）機の右エンジンから滑油がもれ出し、エンジンが焼けて停止した。森勇飛曹長機が寄ってきて、「ワレニ続ケ」と手信号を示したが、追随しきれず、鳥島の二キロ沖に不時着水。衝撃で失神した胴体内の整備員を、横堀二飛曹が抱いて鳥島まで泳ぎつき、三名ともなんとか命びろいしたものの、食べるものがほとんどない。

腐りかけたカモメ一羽、アホウ鳥二羽、水鳥の卵一個、それに少量の貝——横堀二飛曹がイニシアチブをとり、このわずかな食物を分配して実に二六日間を生きのびた。極度の空腹と戦いながら、嵐で吹き寄せられた漁船改装の監視艇に助けられ、父島経由で横須賀の海軍病院へ入院、四月になって香取基地にもどることができた。

香取に帰ってきて、横堀二飛曹は驚いた。顔見知りがまったくいないのだ。彼らが不在のあいだに、三二一空は大損害をこうむっていたのである。

一木—横堀機が不時着水したあと、八機は硫黄島に着陸。そのさい一機が大破した。残る七機は二月二十日テニアン島に移動し、同日に香取を発した第二陣の五機も、二十一日テニアンに到着した。

連合艦隊司令部の予想は当たり、米第58任務部隊（空母機動部隊）はマリアナに接近中だった。まだマリアナの航空戦力が整っていないにもかかわらず、一航艦司令部は交戦を決意し、二十二日の夜から攻撃隊をくり出した。それまでテニアン周辺の対潜哨戒を行なっていた、三二一空テニアン派遣隊の「月光」にも、二十二日の夜に翌日黎明《れいめい》の索敵攻撃命令が出された。

二月二十三日午前四時十五分以降、飛行隊長・下田大尉が指揮する「月光」五機は、それぞれ二十五番（二五〇キロ爆弾）を一発積んで、東方洋上へ単機ずつ発進していった。これは夜戦ではなく、攻撃機の任務だ。

このうち一機は、別動の攻撃隊のために電探欺瞞《ぎまん》紙（銀紙を細長く切った多数の紙片。飛行機と同じようにレーダーに感応する）を撒いたのち、サイパン島北東でグラマンF6Fと空戦に入り、被弾して不時着水。他の機は機動部隊を発見して投弾後、やはりF6Fと交戦した。動きのにぶい「月光」が、どうがんばってもF6Fには対抗できず、分隊長・横田元来中尉機ほか一機が未帰還になり、別の一機はテニアン南方に不時着水した。

残る一機は中川義正二飛曹―菊地文夫二飛曹の同期ペアである。陸上攻撃機の操縦を専修し飛練を卒業した中川二飛曹は、他機が空母へ投弾するのを見たのち、弾幕をついて真下にいた大型艦へ降下爆撃をかけ、命中を確認しないまま超低空で避退した。

　グアム島上空でＦ６Ｆ編隊と遭遇し、二飛曹は「月光」には困難な縦旋回をうったが、頂点で失速、きりもみに入ってしまった。ところがこれが幸いして、敵機は中川機を落としたものと思いこみ、そのまま去っていった。

昭和19年（1944年）５～６月上旬に撮られた、テニアン第一飛行場で発動する三二一空の「月光」一一型前期型。三二一空の基地は第二飛行場だが、修理などの所用で来ていたのだろう。

　燃料残量が少なくなったので、まだ空襲の余波が残るテニアンに強行着陸。片車輪に被弾していたため、機体を回されてジャングルの中に突っこんだ。機体は壊れたが二人とも無事で、どんなかたちにせよ基地にもどれた「月光」は中川機だけだった。これが中川二飛曹の、激しい戦歴の始まりである。

　敵艦上機の空襲で残存の「月光」も破壊され、三二一空の可動機はたった一機に激減した。そこで香取基地では、残留搭乗員の錬成を続けながら少数機ずつをマリアナへ送り、六月上旬には二〇機以上が同方面に進出していた。このなかには、鳥島で暮らした横堀、一木両一飛曹（ともに五月一日付で進級）も含まれている。

この間《かん》の五月中旬、田淵寿輝《ひさてる》中尉指揮の「月光」二機は、テニアンの南西一六〇〇キロにあるパラオ諸島ペリリュー島へ移動した。米第58任務部隊のマーシャル諸島メジュロ環礁からの出動と、西カロリン諸島および西部ニューギニア方面への来攻（実際はマリアナに来攻した）を早期に察知する、偵察目的のためである。

中川義正一飛曹。波乱に富んだ空戦経験をかさねた。

田淵中尉の列機を務めて、ペリリューへ派遣された中川一飛曹はまもなく、甲飛一期のベテラン偵察員・清水武明飛曹長とともに、出没する潜水艦を制圧する目的で、北東へ五〇〇キロの西カロリン諸島のヤップ島に、単機で進出した。悪天候のなか、清水飛曹長はみごとに航法をこなしてヤップに到着。

数日後、対潜哨戒からもどるとき、浮上航行する潜水艦を見つけ、気づいて急速潜航にかかる敵の艦橋に二十五番の直撃弾を与えた。潜望鏡がふき飛んで舞い上がったのを飛曹長は見たが、戦果確認機がいないので「撃沈不確実」と報告した。しかし、その後テニアンの偵察機「彩雲」が戦闘海域を飛び、油紋や浮遊物を見たのだろう、撃沈確実と伝えてきた。

のちにジャワ島のスラバヤで、三八一空が対潜攻撃で戦果をあげたのを除けば、「月光」による敵潜撃沈はきわめてまれであり、金星《きんぼし》に値すると言えよう。

六月一日には、十期予備学生出身の豊永実中尉のひきいる四機が、テニアンから増援に来たため、中川―清水ペアは二日にペリリューにもどったが、九日のＢ－24重爆撃機の昼間空襲で同島の「月光」は二機とも炎上した。十七日には豊永中尉の四機がヤップからペリリューへ移動。この間の六月十一日に、マリアナ諸島は艦上機による大空襲を受けて、テニアン、グアム両島の三二一空主力の可動機はゼロになった。

六月下旬、ペリリューも危険度が高まったので、四機の「月光」に六個ペアが乗りこんで、三十日にフィリピンのミンダナオ島ダバオ第二基地に移動した。機材の大半を喪失した三二一空は、七月十日付で解隊に至り、テニアンに残っていた司令・久保徳太郎中佐、飛行隊長・下田大尉らは、七月二十三日に上陸した米軍との交戦で戦死。薄幸の「鵄」部隊は開隊後一〇ヵ月で消え去った。

戦闘九〇一の苦戦

ダバオに移動した豊永中尉、田淵中尉ら三二一空の残存搭乗員は、所属部隊の解隊により、ここで一五三空・戦闘第九〇一《きゅうまるいち》飛行隊に編入された。

一五三空は昭和十九年の元日に開隊し、陸上偵察機部隊として豪北方面で作戦したが、その後、二式艦偵／「彗星」の偵察第一〇二飛行隊と零戦の戦闘第三一一飛行隊との混成に変わり、パラオ、ペリリュー両島に展開していた。しかし、七月十日付で戦闘三一一は二〇一空へ移り、入れかわって同日付で解隊になったトラック島の二五一空から、戦闘九〇一が一五三空の所属部隊に加わった。

二五一空といえば、ラバウルで「月光」による初戦果を記録した栄光の夜戦部隊だ。戦闘九〇一は二五一空の飛行機隊が特設飛行隊制度（随時、適切な航空隊に所属して指揮を受ける。十九年三月に制定）によって改称されたものだから、これを付属させた一五三空は、系図のうえでは夜戦隊の本流をついだことになる。

ダバオ第二基地に集まった一五三空・戦闘九〇一の基幹搭乗員は、二五一空からの転勤者と、ペリリューから来た三二一空の残存者だった。一五三空司令には高橋農夫吉《のぶきち》大佐、副長には艦攻隊の五五一空（七月十日解隊）司令を務めた高橋勝《すぐる》中佐、飛行長には土岐《とき》修少佐が補職され、いずれも七月中旬に着任した。

戦闘九〇一の初代飛行隊長は二五一空の指揮下で分隊長を兼務した菅原典《あつし》大尉だったが、七月末に内地から美濃部正大尉が着任した。

海兵六十四期、水上機操縦員出身の美濃部大尉は、ソロモン戦の最終期の十九年一月末に零式水上偵察機で中部ソロモンへの夜間爆撃を行なったおり、零戦による夜間攻撃を思いついて進言。十一航艦司令長官・草鹿任一中将から、水上機部隊の九三八空を零戦に機種改変して可、との異例の許可を得た。

この案は実現寸前でつぶれたけれども、内地にもどって戦闘三一六飛行隊長に転じ、厚木基地で夜間銃爆撃隊としての錬成を進めた。ところが五月下旬に防空部隊・三〇二空への転勤が決まり、ここでも零《ゼロ》夜戦（零戦の夜戦型）隊を編成して、機動部隊に対する夜間・黎明《れいめい》の索敵攻撃訓練を始めた。

オウィ島の飛行場から発進する第5航空群・第Ⅴ戦闘機兵団のP-38J「ライトニング」。「月光」では戦いがたい相手だった。

しかし、七月十日付でまた一五三空・戦闘九〇一への転勤命令が出された。「冗談じゃない」と憤《いきどお》ったが、三〇二空司令の小園安名中佐から「志は厚木で育てる」とさとされて、「月光」だけでは心もとないと、零戦五機をもらう約束を取りつけたのち、ダバオにやってきたのだった。

ラバウルでの夜間防空を成功させた小園司令が、邀撃用夜戦隊の創設者とするならば、美濃部大尉は組織的攻撃用夜戦隊の発案者だった。だが、彼の夜襲戦法はフィリピンでは実現せず、昭和二十年四月の沖縄戦で、芙蓉《ふよう》部隊（一三一空）による基地、艦船への連続夜間攻撃として結実するのである。

大尉がダバオに着いて驚いたのは、マリアナで惨敗して同地に下がり再建中の一航艦の各部隊が、ほとんど作戦準備をしていないことだった。「次はフィリピンだ。明日にも敵が来る」と考えた彼は、対空監視組織の確立、探照灯訓練、夜間飛行訓練を急いだが、ダバオの設備は昭和十七年の占領当時とほとんど変わらないみじめなもので、探照灯も多くないうえ、光源の炭素棒の入手から始めねばならなかった。

ところで、ダバオに引き揚げた「月光」は、七月上旬から下旬まで再度ペリリュー島に進出し、パラオ諸島周辺の警戒にあたり、八月もペリリュー～フィリピン間の船団護衛のため同島に一機が駐留した。その後、マニラの航空廠で新機を受領して、ダバオ第二基地の「月光」は一二機に増え、零戦五機も到着した。

一方、ニューギニア西部、ビアク島のすぐ南東のオウィ島に展開する、米第5航空軍・第43爆撃航空群の第63爆撃飛行隊は、フィリピンでの本格航空戦の前に少しでも日本軍戦力を弱めるため、八月五日からダバオ基地群へB－24単機による夜間爆撃を開始。八月下旬には、数機単位で連夜の空襲をかけてきた。

戦闘九〇一は「月光」一～二機で夜間の上空哨戒を行なったが、探照灯が敵機を捕捉できず、八月末まで一度も交戦の機会を得なかった。

米第5航空軍は九月一日、昼間の本格爆撃に移行し、二個航空群からのB－24五五機がダバオを襲った。昼間邀撃の主力となるべき二〇一空の零戦隊は、温存と錬成のために中部フィリピンのセブ島に移っており、ダバオ防空は高角砲（高射砲の海軍呼称）に頼るしかなかった。B-24は二機を失いながらも、過《あやま》たず投弾して去っていった。ダバオ基地の被害は炎上三機、大小破二五機におよび、「月光」も二機が破壊された。

かねて一航艦司令部の温存策に業《ごう》を煮やしていた美濃部大尉は、地上で破壊されるよりはと、「戦闘機が不在の大型機編隊なら、『月光』と零夜戦を上げたい」と高橋司令に訴えた。この進言がとおり、次の空襲時には「月光」は二五番、零戦は三番（三〇キロ）の三号爆弾（空対空撒布爆弾）を付けて、重爆を邀撃する準備を整えた。

しかし、九月一日の爆撃行は、じつは護衛戦闘機をともなうはずだった。天候不良のため、第8戦闘航空群のP-38はダバオの一〇〇キロ手前で引き返していたのである。

翌九月二日、美濃部大尉のおもわくは裏目に出た。午前十時、分隊長・森国雄大尉指揮の「月光」四機と零戦二機はダバオを発進、三機ずつの二個編隊に分かれ、基地北方上空で待機した。やがてB-24編隊が来襲すると、夜戦隊は高位から三号爆弾を落とすため、高度を上げて接近する。このとき、五〇〇メートル上空から約二〇機のP-38戦闘機が降りかかり、さらに下方からもせり上がってきた。

邀撃の各機は投弾直前を襲われて、急いで三号爆弾を捨て、離脱にうつる。高度は低いし態

豊永中尉は傷を負ったが、戦死のペア戸田上飛曹を乗せて沿岸に不時着水した。

勢も悪く、まったくの劣位戦のうちに零戦一機が被弾し、搭乗の久保沢君雄一飛曹は両足に傷を負って、意識がとぎれかけながらも落下傘降下した。

豊永中尉—戸田満雄上飛曹の「月光」は、敵からのがれたのち、下方を単機で飛ぶP-38を見つけ、下方銃を撃ちこんで黒煙を吐かせた。その後三機に追われて被弾、海岸近くに不時着水したが、豊永中尉は右足を撃たれ、後席の戸田上飛曹は機上戦死をとげた。

こうした劣勢のなかで、異例な戦果があがった。

乙飛で六期先輩の大住勇上飛曹とペアを組んだ中川一飛曹は、雲中に突入してP-38の追撃をのがれ、空襲が終わったと思われるころ雲上に出た。すると、右前下方を飛ぶP-38を発見して、「攻撃にうつります」と伝声管で後席へ伝える。機首を左に振って、航過していく敵に狙いを定め、一撃で撃墜した。このときの乗機は斜め銃装備の「月光」ではなく、二〇ミリ機銃一梃と七・七ミリ機銃二梃を機首に積んだ、二式陸偵の初期生産型だったのだ。

同じ双発戦闘機でも、重爆攻撃専門の「月光」は、零戦をしのぐ性能のP-38の敵ではない。P-38の随伴を知った美濃部大尉は、「これは大変なことになった」と思い、以後、昼間は上げるべきでないと判断した。戦闘はフタを開けてみなければ分からない。状況の変化に合わせて、すみやかに対策を立てることが肝心である。結果的には失敗したが、この邀撃戦は無意味ではなかった。

「こいつを落としたい！」

戦闘九〇一「月光」隊のそのほかの行動は、夜間のみに限定された。九月に入っても、探照灯の不足により効果的な攻撃をかけられず、九月一日未明には三機が邀撃に発進し、四時間の哨戒で敵を見ずに終わった。一日夜から翌二日未明にかけては二機が上がり、二番機の中野増男一飛曹―清水飛曹長のペアが、珍しく探照灯に捕まったB－24を追って、全弾を撃ちこんでも効果不明だった。

ダバオ基地の近くには、日本人のいる小さな町があった。連夜来襲するB－24に悩まされ、「軍はなにをしているのか」といった声が上がりだしたという。中川一飛曹はこうした噂《うわさ》を聞いて、「なんとしてでも落としたい」と考えた。

B－24D機長のローランド・T・フィッシャー中尉。バックの２機目の搭乗機はB-24の新型が用意された。

P－38と交戦したのちの九月三日夜から四日の未明にも、二機が邀撃に出て五時間飛んだが、やはり戦果はなかった。

九月四日午後八時、オウィ島の基地から第63爆撃飛行隊のB－24Dが一機、ダバオへの夜間定期便の任務で発進した。第43爆撃航空群の四個飛行隊のうちで、この隊だけは爆撃先導任務など夜間作戦専門に指定され、保有するB‐24は地形表示レーダーを装備し、どれも黒一色に塗られていた。

機長兼正操縦士はコロラド州デンバー生まれのローランド・T・フィッシャー中尉。以下、副操縦士ルイス・E・ブリアント少尉、航法士ジョン・E・マレイ少尉、爆撃手ハワード・R・ハメット少尉、機上整備員ロバート・W・ファガン兵長、補助整備員ジョン・W・スキナー兵長、レーダー手チャールズ・デメトラコス兵長、無線手ロイ・J・マクグラス伍長、機首銃手ボウリング上等兵。ほかに尾部銃手と、第5航空軍司令部からの派遣将校を加え、合計一一名が乗っていた。

爆弾は五〇〇ポンド（二二七キロ）四発と一〇〇〇ポンド（四五四キロ）二発。オウィ島からダバオまでは直線距離で一六〇〇キロもあるから、燃料は六〇〇〇ガロン（二万二七〇〇リットル）ちかくも積んでいる。最大離陸重量を五トンも超える、やや旧型の三二トン以上ものB‐24D「自由の女神《ミス・リバティ》」号は、風上へ向け二〇〇〇メートルも滑走してようやく浮き上がった。

離陸後、機長のフィッシャー中尉は、左翼内側の第二エンジンがおかしいのに気づいた。プロペラがハイ・ピッチのまま、最大出力を出していたのだ。エンジンは過熱し、排気口から青白い炎が長く噴き出していた。中尉はあわててピッチをもどし、第二エンジンのブースト圧（気筒に送りこまれる吸入空気圧）を下げる。

ビアク島上空まで来たとき、彼は基地へ帰ろうかと考えたが、このときオウィもビアクも日本機の夜間爆撃を受けていたので、意を決して予定のコースを進んでいった。第二エンジンは復調しており、高高度爆撃ではないから、損傷した排気タービン過給機を使わなくてもすむはずだ。

フィリピンをめざして北上し、やがてB－24はダバオ湾の上空に到達。今夜の第一目標は湾内の日本艦船で、高度三〇〇メートルの低空を飛びながらさぐったが見あたらず、第二目標のダバオ基地群を爆撃することに決めた。

ダバオ湾の東側は細長い半島になっている。フィッシャー中尉は日本軍に見つからないよう、半島の東側（太平洋側）に出たのち、半島の山並にかくれるようにして北西へ飛び、その付け根でふたたび山を越えて、ダバオと向かいあったサマール島（中部フィリピンのサマール島ではない）の上空に達した。月はさえわたり、ダバオ第二基地の滑走路が手に取るように見えた。

「自由の女神」号と同じ型のB–24D「リベレイター」重爆撃機。B–29についで良好な飛行性能と強靭な防御力をそなえる。

一五三空の「月光」一一型後期生産型。主翼下に付けた増槽（容量330リットル）は空輸時以外にはほとんど使われなかった。

この夜の戦闘九〇一の当直は、赤池行成一飛曹—横堀一飛曹の同期ペアだった。九月四日から五日にうつる午前零時、赤池—横堀ペアの「月光」はダバオ第二基地を発進した。

横堀機が飛び立ったのち、美濃部大尉がテント張りの指揮所を背に、滑走路のわきに座っていると、大住上飛曹と中川一飛曹がやってきた。二人は非番だったが、重爆撃墜の一念に燃えて出撃許可を受けにきたのだ。横堀機が出てからもう四〇分がすぎていた。大尉は「予備機はあるが、いまからでは遅いぞ」と言い、それでも発進を許してくれた。

二人は予備の「月光」に乗りこみ、中川一飛曹は手早く始動操作を行なう。二〜三回くり返したが、エンジンがかからない。このとき敵機侵入を知った指揮所では、「引キ返セ」のオルジス発光信号を、大住機に向けて出した。

信号を見た中川一飛曹は、もう一回やってだめならやめよう、と考えた。右上方から、特徴のある「コンソリ」（B－24）の爆音が響いてくる。エンジンがかかった。暖気運転もせずにふかし、滑走路で九〇度まわって一気に離陸を開始。

フィッシャー中尉のB－24は高度を一五〇〇メートルにとって、湾岸にそったダバオ第二基地に接近し、爆撃手のハメット少尉の指示により爆撃コースに入った。数基の探照灯の光芒《こうぼう》が立ち上がり、対空射撃が始まる。だが弾丸はまったく当たらず、機内通話で笑い合って緊張がほぐれた。

中川―大住ペアの「月光」は地面を離れた。まだ脚もフラップも納まりきらないうちに、上空へB－24がやってきた。「いま、通ったぞっ」と大住上飛曹の声が聞こえたとき、滑走路付近が光った。爆弾が落ちたのだ。「こいつを落としたい！」。中川一飛曹はこのことだけを念じた。

B－24と一騎討ち

「オール・クリアー（投弾完了）」

ハメット少尉の声が響く。急に軽くなった機体を、フィッシャー中尉は左へ急旋回させ、ついで緩降下《かんこうか》に入れた。探照灯から逃れ、増速してダバオ湾外へ出るためだ。

中川一飛曹は、敵機がいつものように島の上で旋回することを知っていた。斜め銃装備の「月光」で、一〇〇〇メートル上空を飛ぶB－24の、後下方へ迫っていく。月明かりで重爆のシルエットが浮き出ている。旋回する敵機の風防が、キラリと光った。高度差を詰め、敵の腹の真下についた。胴体下面の球型銃塔が、すぐ後ろの上方に見える。

B－24は一八〇度の旋回を終えた。速度は二八〇キロ／時。探照灯の光芒をふり切ったとき、フィッシャー中尉は頭上に曳光弾が走るのを見た。中川一飛曹の放った、斜め銃の二〇ミリ弾である。しかし、九九式二号銃は数発で咆哮《ほうこう》をやめた。故障したのだ。

フィッシャー中尉は一瞬うろたえ、斜め銃の存在を知らないために、前上方から迫る日本機の幻を見た。搭乗クルーに機内通話で邀撃を知らせ、左へ急な旋回をうつ。

日本機は降下接近し、その右翼端がB－24の右胴体下部をかすめるように、B－24の右翼下へ抜けていった、という。のちに中尉を含むクルーの幾人かは、前上方攻撃をかける日本機を認めた、と証言したが、大住機はそうした行動をとっておらず、明らかに狼狽《ろうばい》による幻影を見たのである。

中尉はクルーの注意をうながしつつ、機を水平飛行にもどした。彼の記憶では、このとき高度一一〇〇～一二〇〇メートル、機速は三二〇キロ／時ほどだった。

B－24の二〇メートル下方に張りつく「月光」は、敵の激しいプロペラ後流の中でゆれ続けていた。斜め銃が故障しては、「月光」の攻撃手段はぶつける以外にない。必墜を期する中川一飛曹は、意を決して大住上飛曹に「体当たりします」と伝え、基地への連絡を頼んだ。上飛曹にも異論はなかった。

「ワレ敵ヲ捕捉シ銃撃スルモ機銃故障」「ワレ体当タリヲ敢行ス」

指揮所前の滑走路わきで美濃部大尉が座っていると、電信員がとんできた。

「隊長！　いま大住機（上級者が機長）より、体当たりするとの連絡がありました」

「なにっ体当たりだ？　それはいかん！」

ダバオ第二基地の滑走路わきに繁茂する木々。見えにくいが、左寄りにある黒いテントが戦闘九〇一の指揮所に使われた。

大尉はすぐに「待テ」を伝えるよう命じた。

中川一飛曹のレシーバーに「引キ返セ、引キ返セ」が入ってきた。彼は無線のスイッチを切った。聞いていなければ命令違反にはならない、と思ったからだ。美濃部大尉は応答がないのを知って、「ぶつけたな」と判断した。

一飛曹は右プロペラでB－24の腹を裂こうと、機首を上げて操縦桿を左へ倒した。手に強い衝撃が伝わる。発進から二〇分後の午前一時十二分であった。

機銃の発射音に続いて激しい衝突音を聞いたフイッシャー中尉は、日本機の第二撃を受けたと思い、B－24を降下に入れた。ファガン兵長が機首銃塔を動かす音がするだけで、誰もが口をつぐん

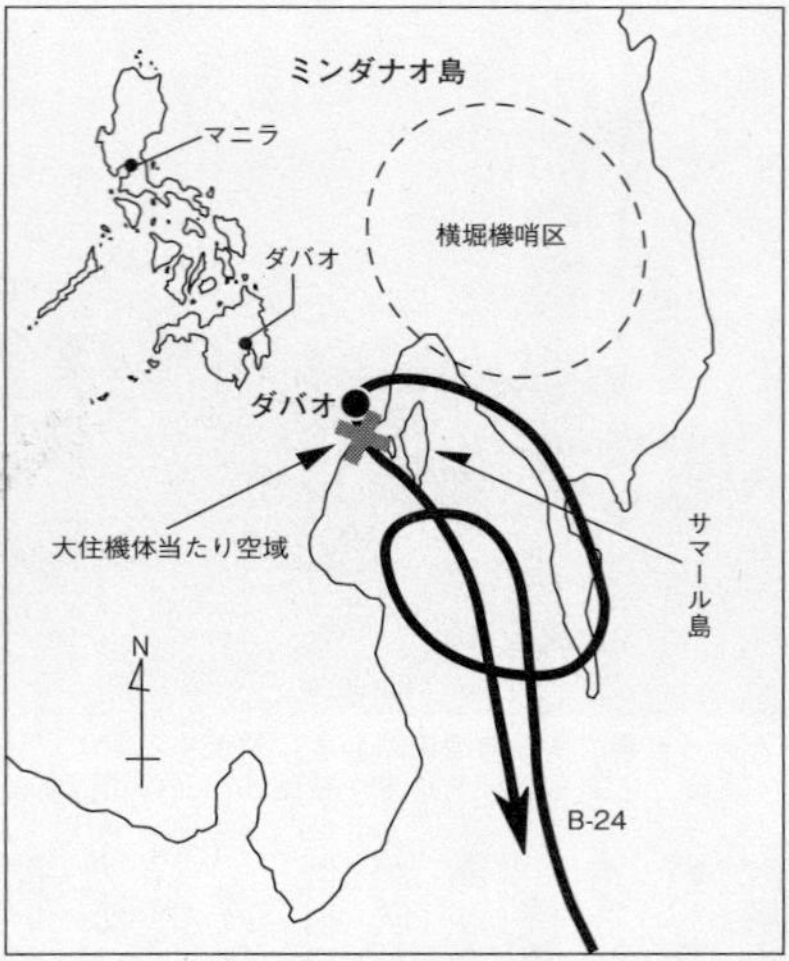

でいた。

中尉が計器に目をやったとき、デメトラコス兵長が叫んだ。「レーダーがなくなった！」

高度は六〇〇メートルに落ちていたが、三五〇キロ／時で緩降下を続ける。だが、昇降舵に手ごたえがない。中尉は自動操縦装置のスイッチを切って、手動に切り替えた。それでもB－24は機首を上げず、なおも降下していく。

サマール島の南端が見えた。「主よ！」。神に祈りながら中尉は、最後の望みをたくして昇降舵のトリム・タブを操作した。波頭がはっきり見え、高度がいくらもないと分かる。しかし幸運にも、機はじりじりと機首を上げ始めた。

「B－24はまだ飛んでいる」

大住上飛曹の声を聞いた中川一飛曹は、「もう一回やりましょう」と再度の体当たりを決意し、機を引き起こした。だが、右プロペラは曲がって止まり、体当たりでつぶれた風防は枠もない。そのうえ、ガラスで顔を切り、右目に血が入ってボンヤリとしか見えなかった。これ以上の追撃は、とても無理だった。

東側の哨区を飛んでいた赤池―横堀ペアは、地上からの無線で大住機の体当たりを知った。ただちに大住機の空域へ向かったが、傷ついたB－24はダバオ湾を抜け出したあとで、敵影を見なかった。

ダバオ第二基地の上空に達した中川一飛曹は、片発の「月光」を追い風に乗せて、たくみに進入コースへ持っていく。近づく大住機を認めた整備員は、あわてて美濃部大尉のところにかけつけ、「『月光』、帰ってきますっ」と報告した。中川―大住ペアは戦死、と考えていた大尉は、「もしや」と思って滑走路にとびだした。

バランスの崩れと失速を防ぐため、一飛曹はエンジンを少しずつしぼって、通常の二倍に近い二五〇キロ／時の高速で接地して、いつもの停止位置をかなり越えたところで機を止められた。出撃から、ちょうど一時間後のことだった。

「隊長っ、大住機です！」。整備員の興奮した言葉を聞きながら美濃部大尉は、風防が壊れ、プロペラの曲がった「月光」を見た。

二人は整備員に助けられて、彼の前にやってきた。中川一飛曹の顔は、風防で切った傷からの血で、クモの巣のようになっていた。大住上飛曹には外傷はなかったが、片発の「月光」を少しでも軽くしようと、防振ゴムを切って電信機を捨てるとき、背骨を痛めていた。

手をにぎり合った大尉とペアの胸中が、にわかに熱くなった。

大住機が着陸してから二時間たって、赤池一飛曹―横堀一飛曹の「月光」が降りてきた。車で一時間ほどの海軍病院ダバオ分院へ、横堀一飛曹が二人を見舞いに出かけたのは、それからまもなくだった。

大住機が着陸したのちも、B－24は苦しい飛行を続けていた。機上整備員のファガン兵長とスキナー兵長が調べたところ、後部胴体の上面と下面に大穴があき、昇降舵の主操作索が切れているのが判明した。また、油圧系統のパイプが切断され、電気系統も不調になっていた。上部の穴は「月光」の二〇ミリ弾の炸裂によるもので、そのさいの破片により、第5航空軍からの派遣将校が負傷した。

油圧が効かなければ、着陸時にフラップを降ろせない。機上整備員がなんとかパイプを補修したが、作動させるとすぐ外れてしまった。フィッシャー中尉はトリム・タブを頼りに、だましだまし機をオウィ島まで持っていこう、と腹を決めた。強い風にでも遇《あ》えば、安定を失って太平洋の藻屑《もくず》になるのは、まず確実と思われた。

さいわいエンジンは快調で、悪気流にも出くわさずに、ビアク島付近まで飛ぶことができた。オウィ島はもう目と鼻の先だ。基地へ無線で連絡をとり、機の状況を知らせる。司令塔から、島の付近へ着水せよ、との指示が返ってきた。オウィ島では朝の出撃にそなえて飛行場にB－24がならんでいて、手負いのフィッシャー機が着陸に失敗すれば、発進が妨げられるからだ。

中尉は「本機は昇降舵を操作できないし、また負傷者がいて着水後の脱出を保証できない」とがんばり、ついに着陸許可をとりつけた。B－24は大きく旋回、ゆっくりとファイナル・アプローチに入る。

油圧系統をやられてはいたが、作動油のかわりに液体を注ぎこめば、一回だけ手動でフラップを出せる。そこで、缶ジュースからコーヒー、水、はては小便、ツバまで集めて注入した。

着陸コースに乗ったのち、緊急手動ハンドルで脚を出し、手動ポンプでフラップを操作。無事にフラップが下がり、二〇度で止める。トリム・タブを慎重に使いながら、降りていく。接地。フィッシャー中尉にとって、これまでで最高のみごとな着陸であった。

集まってきた地上員たちは、爆弾倉の後ろにあいた、高射砲弾にえぐられたような穴を見て、一様《いちよう》に驚いた。また、フィッシャー中尉ら搭乗クルーが目をみはったのは、穴の周辺に散らばっていた、明らかに他機のものと思われる金属材や風防ガラスの破片だった。

その後

ダバオ分院に入ったけれども、中川一飛曹は軽傷だったので、三日後の九月八日から搭《とう》乗割《じょうわり》（出動メンバー表）に入り、大住上飛曹も続いて退院した。二人は飛行場で現地表彰され、一航艦司令長官・寺岡謹平中将から表彰状と、顕著な戦功を示す表彰徽章《きしょう》を授与された。フィリピン決戦で対艦特攻が始まる五〇日前、自発的な体当たり攻撃はそれだけの価値を持っていた。

しかし九月十二日、一木一飛曹の操縦でダバオからセブ島へ向かう途中、F6Fに捕まって大住上飛曹は戦死。体当たり時に飛んでいたもう一機の「月光」の操縦員・赤池一飛曹も、十月十五日の索敵攻撃から帰ってこなかった。

中川上飛曹と横堀上飛曹（ともに十一月一日進級）、それに美濃部少佐（十月十五日進級）は、十一月末にフィリピンを離れ、内地にもどって静岡県藤枝で夜戦隊の再建につとめた。二十年四月からの沖縄戦で、一三一空飛行長・美濃部少佐の指揮のもと、両上飛曹は「彗星」改造の夜間戦闘機で戦い抜いて終戦を迎える。

一方、オウィ島にたどりついたフィッシャー中尉の「自由の女神」号は、もはや使いものにならずスクラップにされた。中尉は新しいB－24Jをもらって十月から作戦飛行に復帰し、下旬のフィリピン沖海戦に参加。以後フィリピン方面、ついで中国大陸沿岸を飛び、一九四五年（昭和二十年）四月にふたたびニューギニア方面へ。ここで手ひどいデング熱に罹患《りかん》し、翌五月に故郷へ帰っていく。

戦後、フィッシャーさんは運送業を営み、成功してオレゴン州で倉庫会社の社長の座を占めた。一九六四年（昭和三十九年）一月、彼は同じ飛行隊で気象観測将校を務めていた友人から、「ザ・ディヴァイン・ウインド（神風）」と題した本を贈られた。これは、フィリピンで一航艦の参謀を務めた猪口力平氏と、二〇一空の飛行長だった中島正氏の共著「神風特別攻撃隊」を英語に抄訳したもので、その二九〜三〇ページを読んでフィッシャーさんは驚嘆した。そこには、九月五日の中川一飛曹—大住上飛曹ペアによる、B－24体当たりの模様が記されていた。

昭和48年（1973年）５月末、ポートランドの空港内で取材のカメラマンに、ダバオ上空における２機の交戦状況を示す中川さんとフィッシャーさん。中川さんの手が下なのに注意。両夫人が後方で見つめる。

彼は、これこそ自分が冷や汗を流した空戦に間違いないと判断、日本機の搭乗員が生存していればぜひ会いたいと考え、「神風」の著者を通じて探してもらうことにした。これが、中川さんに届いた葉書につながるのだ。

昭和四十七年三月、中川さんは夫人をつれて北九州空港へおもむいた。商用を兼ねて、長年の宿願を果たしに来日したフィッシャーさん夫妻を、出迎えるためである。

二八年前、敵味方に分かれてきわどい空戦を演じた二人のパイロットは、空港で劇的な再会を果たした。フィッシャーさんは筆者への手紙のなかで、「双方ともに、最も感動的な一瞬だった」と記している。

遠来の客は中川さんの居宅を訪れ、心ゆくまで歓談した。そして翌年五月、今度は中川夫妻がオレゴン州へ飛び、さらに〝旧交〟を暖めたのだった。

本土防空戦ダイジェスト

――日本航空兵力、米軍機を迎え撃つ

開戦四ヵ月後の初侵入

攻撃偏重主義の陸海軍、後詰めの戦力を保持できない国力の乏しさ、そして持久力に欠ける国民性――守備にはマイナスの要素がそろった日本が、冷や水を浴びせられたのは、快進撃の勝利に酔っている昭和十七年（一九四二年）四月十八日だった。

この日の早朝、海軍北方部隊の監視艇（漁船を改造）が東京から一三五〇キロ東の太平洋上で、米機動部隊を発見した。緊急電を受けた軍令部からの通知により、連合艦隊司令部は麾下《きか》の艦隊と航空部隊に邀撃《ようげき》態勢への移行を下令。また、本土近海に来襲の敵を防ぐ内戦部隊（旧式艦艇と内地の基地航空隊など）を指揮する四つの鎮守府のうち、来攻の公算が強い横須賀鎮守府は、所属する横須賀航空隊に、陸攻などの索敵攻撃と零戦の即時待機を命じた。

本土防衛に関して、分担協定で海軍は洋上と関係施設の地区を担当し、国土の大半の防空

は陸軍が受け持つと定められていた。つまり海軍が前衛、陸軍が後衛のかたちで、本土上空の戦いは陸軍が主担当者である。

陸軍の防空のトップ機構・防衛総司令部の指揮下に六個軍があり、そのうち北海道をのぞく内地は東部軍、中部軍、西部軍の三個軍管区に分かれ、それぞれの軍司令官の指揮下に、防空専任航空部隊と高射砲部隊が配属されていた。

防空専任航空部隊は戦闘機戦隊と少数の偵察機からなり、最重要の首都圏をふくむ東部軍管区（関東、東北、北陸）だけは、戦闘機の二個戦隊と偵察機の一個独立飛行中隊が配属されていたため、この上部組織に第十七飛行団司令部が置かれた。

敵空母を捕捉したい海軍はすぐに触接部隊を出したけれども、艦上機の航続力から敵機来襲は空母がさらに近づいたのちの翌朝、と陸軍は読んでいた。それでも第十七飛行団司令部は念のため、隷下《れいか》の飛行第五戦隊と二百四十四戦隊の九七式戦闘機、独立飛行第百一中隊の九七式司令部偵察機を、それぞれ上空哨戒に出した。

日本側の判断をまったく裏切って、米空母「ホーネット」の甲板に積まれていたのは、航続力の大きな双発の陸軍爆撃機ノースアメリカンB‐25B「ミッチェル」だった。さらに、監視艇に見つかったため夜間奇襲を昼間強襲に変更、発艦したB‐25一六機のうち一三機は、正午すぎから各機バラバラで関東地方の上空に達した。

B‐25の侵入高度は二〇〇～七〇〇メートルと低く、一〇機以上の可動全力により九十九

1942年(昭和17年) 4月18日、日本内地の空襲をめざして空母「ホーネット」を発艦したB-25B「ミッチェル」。海面が荒い。

里～鹿島灘沿岸部を哨戒した九七司偵は、中高度を飛んでいて敵影を認めなかった。おりあしく燃料切れで着陸しつつあった九七戦の二個戦隊は、敵襲の報ですぐに待機中の機を発進させたが、敵高度は数千メートル、編隊で侵入との誤判断から、大半の操縦者は敵影を見ずに終わった。

五戦隊で捕捉に成功したのは、松井孝准尉と松下数一伍長の九七戦二機。三浦半島にさしかかる東京湾上空で、離脱するＢ－25を発見した。敵が蛇行で飛んでいたため、いくぶん距離が詰まり、やや遠方からの一連射で煙を吹いたように思われた。

また、僚機二機をつれた馬場保英《やすひで》中尉は、東京東部の低空を南西進中の敵を認めて十数キロ追跡したものの、じりじり引き離され見逃さざるを得なかった。ほかに二百四十四戦隊の二機も、命中弾を与えた旨《むね》を報じた。

五戦隊に配備されてまもない新鋭機、地上火器の改造ながら陸軍制式機のうち唯一の二〇ミリ機関砲を装備する、二式複座戦闘機甲型「屠龍」が三～四

関東上空に侵入したB−25を、水戸東飛行場にあったキ六一試作２号機と３号機が追撃。どちらかが命中弾を与えたが、演習弾なので逃げきられた。

機出動した。しかし、いずれも中高度以上を飛んだため、低空の相手を見つけられず、Ｂ－25と同じ双発機なので、中隊長・山下美明大尉機も百冨貢《ひやくとみみつぐ》准尉機も味方高射砲の誤射を受けるオマケがついた。

皮肉にも、岐阜の川崎航空機から受領して空輸途上にあった、同戦隊の古森理雄《こもりまさお》曹長らが操縦の二式複戦二機は、川崎市上空で敵機と出くわしたが、武装を付けていなくては手の出しようがなかった。

水戸で飛行実験部（航空審査部の前身）の荒蒔義次《あらまきよしつぐ》少佐、梅川亮三郎准尉によって射撃テスト中のキ六一（のちの三式戦闘機「飛燕」）も、Ｂ－25を追った。とりあえず徹甲弾のみの装備で発進した梅川准尉は、敵四番機に追いついて左前方から一撃を加えた。徹甲弾では穴をあけるだけで致命傷には至らず、准尉も貴重なテスト機を失ってはならないと考えて、深追いはしなかった。

これが関東上陸での日本側の攻撃のすべてである。最も威力を発揮したはずの横須賀空の零戦は、哨戒に上がったけれども高度が高すぎてカラ振り。ほかに中部軍管区（関西、中部）にもB－25三機が単機ずつ現われ、中部軍指揮下の唯一の航空戦力・飛行第十三戦隊の九七戦が、射撃訓練で弾丸を撃ちつくしたあと、敵機とすれ違って別れている。

当日の午後、高射砲部隊の報告から、東部軍は「撃墜九機」と発表した。もちろんこれは架空の戦果で、B－25は全機が日本の空を駆け抜けていった。

防空専任航空部隊がなんらの成果も得られなかったのには、敵の機種や来襲時刻などで意表をつかれた点が大きく影響している。しかし、いずれにせよ装備機材と早期警戒網の劣弱さは覆《おお》えなかった。とりわけ前者の主力が、B－25Bより二〇キロ／時以上も低速で、七・七ミリ機銃二梃の九七戦では、撃墜をはたすのは不可能にちかい。

初空襲ののち陸軍は、防空戦闘機の機種改変と組織の拡大をスローペースながら進めていく。だが二年半ののち、ボーイングB－29が関東の空に現われたとき、かつての九七戦対B－25のみじめな戦いがふたたびくり返されてしまう。

ようやく防空戦力に配慮

ソロモン、ニューギニアの南東方面の戦いに敗れ去り、米軍の攻勢が中部太平洋から内南《うちなん》洋《よう》のマリアナに及びつつあった昭和十九年の春、陸軍と海軍の防空組織に変化が生じた。

まず陸軍では、東部軍管区守備の第十七飛行団司令部が三月に第十飛行師団司令部に昇格、

"受け皿"を大型化して防空戦闘機隊の増加にそなえた。ただし、中部軍管区の第十八飛行団司令部と西部軍管区の第十九飛行団司令部（ともに十七年八月に編成）は、すえ置きのままだった。

ついで五月、それまで第一航空軍（十七年五月に編成）隷下で防衛総司令官の指揮下（直接指揮は東部軍などの軍司令官から受ける）にあった、十飛師と十八および十九飛団の防空専任航空戦力は、一航軍から離れて防衛総司令官の隷下に編入され、その直接指揮を受けるかたちに命令系統が変わった。これにより各種命令の、伝達速度と有効性の度合を向上させている。

同時に、天皇に直隷の東部、中部、西部の各軍も防衛総司令官の隷下に入り、これで空地の両防空戦力の隷属系統は一元化された。

それまで鎮守府に所属する内戦部隊と、戦力回復に内地に帰った外戦用ナンバー航空隊に、管区の防空を担当させてお茶をにごしていた海軍は、十九年三月、内地防空専用の初の実施部隊・第三〇二《さんまるふた》航空隊を横鎮の配属部隊として編成した。横鎮の管区はこの三〇二空と横須賀空戦闘機隊が、呉鎮守府と佐世保鎮守府の管区はそれぞれ呉空と佐世保空の戦闘機隊が、邀撃の主力だった。

装備機の面では、陸軍は三式戦の部隊が最も多く、合計で五個戦隊。二式戦「鍾馗」と二式複戦が二個戦隊ずつで、ほかに満州から一時的に十飛師の指揮下に入った二個戦隊（一式戦／四式戦「疾風」と二式戦）があった。二式戦と三式戦は昼間、二式複戦は夜間の邀撃を主務とし、書類上の装備定数は四十数機～六十数機だったが、実際の保有機数は定数を下まわる場合が多く、その三分の二が出動できればいい方だった。

また、同一機材を装備していても、部隊のキャリアによって大差が出る。三式戦の二百四十四戦隊（十飛師）は、はえぬきの防空専任航空部隊で、五月の時点ですでに一〇ヵ月以上この機を扱っているのに対し、五十五戦隊と五十六戦隊（ともに十八飛団）は編成後わずか一～二ヵ月、十八戦隊（十飛師）も三ヵ月しかたっていない。

五十九戦隊（十九飛団）は歴戦の部隊でも、ニューギニアで壊滅状態におちいってもどり、一式戦から三式戦への機種改変中だった。つまり、五個の三式戦部隊のうち、二〇～三〇機をすぐ邀撃戦に使えるのは二百四十四戦隊だけなのだ。

二式複戦も同様である。開戦前から北九州の防空を受け持ち、複戦の導入開始から一年半をへた四戦隊（十九飛団）と、二ヵ月前に新編の五十三戦隊（十飛師）とでは、ノレンの重み、格が違う。このころの複戦は、機首に三七ミリ機関砲の付いた丙型が主体で、前方席の後方に二〇ミリ機関砲二門を斜めに付けた丁装備、つまり陸軍版〝斜め銃〟の上向《うわむ》き砲機が加わりつつあった。

その斜め銃の発案者・小園安名《こぞのやすな》中佐が司令の三〇二空は、乙戦（局地戦闘機）四八機と丙戦（夜間戦闘機）二四機の定数で発足したものの、五月末の可動機数は主力の乙戦「雷電」

が一〇機にすぎず、約二〇機の零戦（ただし半分ほどは丙戦として使用）で補っていた。「雷電」の数がそろわず、不足を甲戦（艦上／制空戦闘機）の零戦で埋めるパターンは、防空戦闘機部隊に共通の姿になって敗戦の日まで続く。

丙戦の主力は「月光」で、可動約二〇機とまずまずの状態だった。これに、零戦の斜め銃装備機が加わって第二飛行隊を構成した。だが、「雷電」の第一飛行隊とともに、新人（他部隊への補充要員をふくむ）の錬成に重点が置かれていて、作戦即応まで持っていくにはまだ時間が必要だった。

横鎮のもう一つの部隊・横須賀空は、実用実験や戦法の研究を兼務しているだけに、甲、乙、丙戦（合計定数一〇八機）をふくむあらゆる実用機をそろえていた。しかし、まとまった数があるのは零戦だけで、「雷電」や「月光」は数機ずつを保有するにすぎなかった。

呉鎮の呉空戦闘機隊（岩国派遣隊）と佐鎮の佐世保空戦闘機隊（大村派遣隊）の額面上の戦力は、ともに定数四八機の零戦である。実際の可動機数はそれぞれ三〇機前後で、各型混用のうえ主務は錬成にあったから、邀撃力は額面の三分の一未満と見ていいだろう。

こうした状況のもと、東部軍管区の十飛師各戦隊と三〇二空および横空の、五月ごろの仮想敵は、米機動部隊の空母から来襲する艦上機群で、訓練は対戦闘機戦を軸に進めていた。中部軍管区の十八飛団も、これに準じる態勢だった。

唯一異なっていたのは、北九州防空の第十九飛行団である。

すでにB－29「スーパーフォートレス」の成都進出の情報を得て、飛行団司令部は大陸からの来攻を懸念していた。頼みの綱の飛行第四戦隊は二式複戦三五機を装備。うち二五機ほどが可動機で、夜間もこなせる技倆甲の操縦者が一五名おり、昼夜の大型機攻撃の訓練にはげんでいた。

B－29がついに来た！

未明に米軍のサイパン島攻略の上陸作戦が始まり、連合艦隊司令長官の「あ」号作戦決戦発動と、東北から九州までの警戒警報発令で緊張が高まっていた六月十五日。あと三〇分ほどで翌十六日に移ろうとするころ、済州島西端の陸軍レーダーが、「彼我不明機、東進中」を、福岡市の西部軍司令部に伝えてきた。

その後もレーダー情報は刻々と入ってくる。各種状況から、不明機群は北九州をめざす敵と判断した西部軍は、十六日の午前零時二十四分に空襲警報を発令。西部軍から情報を受けていた十九飛団長の下命を受けて、四戦隊の警急中隊八機は山口県小月《おづき》飛行場を離陸し、午前二時には待機空域へ向かって上昇を始めていた。

第二隊長の佐々利夫大尉が指揮する四機は、関門海峡東側の上空、高度四〇〇〇メートルに達し、単機ずつに別れて旋回待機にうつる。まもなく各機のレシーバーに戦隊長の攻撃命令が響くと、照空灯が夜空を切りさいてB－29の機影が浮き上がった。

1944年6月15日、中国・成都近郊の前進飛行場から発進して、八幡へ向かう第468爆撃航空群のB–29。撮影を行なった機(手前のエンジン)が撃墜され、フィルムが日本軍の手に入った。

佐々機は降下接敵を試みたが、敵機は右へ旋回し、照空灯の圏外へ離脱してしまった。非番で外出中に空襲警報を聞いて、急いで小月飛行場にもどり、警急中隊のあとを追った西尾半之進准尉の複戦が、このB－29を追って機首砲の三七ミリ弾を放ったものの、致命傷を与えられなかった。

以後一年二ヵ月にわたる本土防空戦は、ここに火ぶたを切った。

担当空域に差しかかるあたりで敵がUターンして遠ざかるため、深追いできず、二〇ミリ上向き砲による撃破が精いっぱいの佐々大尉らとは違って、飛行隊長兼第一隊長・小林公二《まさじ》大尉らは、小倉、八幡の要地周辺の上空におり、接敵条件に恵まれていた。

二〇〇メートルの距離で三七ミリ弾を命中させた木村定光准尉が、B－29撃墜第一号の戦功を得た。「一機撃墜」の無線報告は在空の複戦各機に伝わり、空中勤務者たちの闘志をかきたてる。

ノモンハン戦に参加して戦隊唯一の実戦経験者だった樫出勇中尉が、至近距離から敵の左翼付け根に三七ミリ砲攻撃を加えて、一撃で撃墜。小林大尉、西尾准尉、藤本清太郎曹長の戦果を報じる声が続き、木村准尉は計三機もの撃墜を記録した。

延べ二四機が出動し、二時間以上におよんだ初交戦で、四戦隊があげた戦果は撃墜七機（うち不確実三機）、撃破四機。損害は高射砲の味方討ちによる不時着が一機だけで、地上施設の被害も少なかった。成都から出撃のB－29六二機のうち、途中の事故をふくんで米第20爆撃機兵団は七機を失った。目標にされた八幡製鉄所の損害は軽く、総合的にみて日本側の勝利に終わったと言える。

6月16日の朝、八幡西方の折尾に落ちたB–29の残骸を、視察に出向いた四戦隊の空中勤務者。樫出中尉が燃料タンクに手をかけている。左手前は飛行隊長・小林大尉。

しかし、邀撃側が交戦空域を熟知していたのに加え、初出撃のB－29が単機ずつ、二式複戦に有利な三〇〇〇メートル以下の低い高度で侵入したのだから、四戦隊は大きなハンディをもらっていたわけだ。

五〇日後の八月五日、超重爆の高性能の一端を思い知らされる。

偵察に飛来したF－13（B－29の写真偵察機型）を落とすため、四戦隊えりぬきの樫出中尉、木村准尉、西尾准尉の三機が、高度一万メートルの高空で立ち向かった。浮いているだけに近い複戦をあやつって、各々なんとか一～二撃をかけたものの、F－13は平然と飛び去っていった。

北九州邀撃戦に凱歌《がいか》

この間の七月七日にサイパン島が陥落し、マリアナ方面からの本土空襲は必至と考えた陸海軍は、防空組織の強化を進めた。陸軍では七月十七日、中部軍管区の第十八飛行団司令部を第十一飛行師団司令部に、西部軍管区の第十九飛行団司令部を第十二飛行師団司令部に昇格させた。海軍は呉空戦闘機隊と佐世保空戦闘機隊を、八月一日付けでそれぞれ第三三二《さんさんふた》航空隊、第三五二《さんごおふた》航空隊に改編し、乙戦と丙戦を持つ本格的な局地防空部隊をめざした。

これで、重要地帯を守る態勢が整ったかに見えるが、肝心の中身、すなわち戦力の向上はわずかな程度にすぎない。陸軍の場合、錬成途上の外地用戦隊を前線へ出るまで防衛総司令官の指揮下に編入、明野飛行学校とその水戸分校の作戦部隊化（教導飛行師団と改称）、といった小手さきの対処しかできなかった。

新型機材の面では、高高度戦闘機が皆無なため、航空性能が良好な百式司令部偵察機の背部に二〇ミリ機関砲一門を付けた、応急現地改造の防空戦闘機を、独立飛行第十七中隊が装備し始めた程度である。新鋭制空戦闘機の四式戦はすべて外地用部隊にまわされて、防空専任部隊に配備されるのはようやく年末からだった。

小月飛行場にならんだ飛行第四戦隊の空中勤務者と二式複座戦闘機丙型「屠龍」。軽快な戦闘機への未練は強かったが、戦隊の複戦運用技倆は高く、北九州の空域にも熟知していた。

海軍のほうも大差はない。三三二空も三五二空も、主力になるべき「雷電」と「月光」の導入および搭乗員の訓練には、これから取りかかる段階で、あい変わらず即戦力は少数のベテランが乗る零戦のみ。

もう一つの変化は、七月二十一日から海軍の防空戦闘機部隊を、作戦時に防衛総司令官の指揮下に入れたことだ。陸海軍の一体化に思えるが、これは形式的な処置に終始し、海軍側は陸軍からの情報を聞く程度で、戦闘行動に関してはほとんどすべてを鎮守府と自隊の判断で進めていく。

地域における陸海軍の総力をくり出した初の邀撃戦は、八月二十日の午後。B－29六七機が北九州に侵入、大半は主目標の八幡製鉄をめざし、六機が長崎など第二目標へ向かった。

邀撃の主役を務めたのは、今回も飛行第四戦隊だった。B－29の巨大さから監視哨が敵高度を見間違えたため、複戦隊の攻撃開始はやや遅れたものの、樫出中尉、西尾准尉らの編隊が高度七〇〇〇メートルの超重爆に突進した。そのうち、最もすさまじい戦いぶりを示したのが野辺《のべ》重夫軍曹機である。

高木伝蔵兵長を後方席に乗せた野辺機は、敵第一梯団《ていだん》の先頭機（長機）に三七ミリ機関砲の第一撃をかけたが回避された。三七ミリ・ホ二〇三は航空用機関砲とはいっても、地上火器の改造にすぎず、一突進でたいていは一発だけ、無理をしてもせいぜい二発しか撃てない。再攻撃のために態勢を立て直しては、逃げられてしまう。野辺軍曹は「体当たり敢行！」と訣別《けつべつ》の声を残して、まっしぐらに敵先頭機に激突した。

本土防空戦で初めての体当たりは、日米両軍機から視認された。第468爆撃航空群のB－29の左翼に複戦の右翼がぶつかって、両機は炎上爆発。破片で垂直尾翼をもぎ取られた後続のB－29も落ちていった。

壮絶な光景を目撃した樫出中尉は戦意を高め、防御火網をついて二機を撃墜。一機を落とした小林大尉は追撃を続け、さらに二機撃破ののちエンジンをやられて不時着した。撃墜三機、撃破四機の森本辰雄曹長を筆頭に、佐々大尉（海上不時着水）、西尾准尉、内田実曹長らが戦果を報じ、合計で撃墜一七機（うち不確実八機）、撃破一七機を記録して、小月戦闘隊の名を高めた。

今回は福岡県芦屋の五十九戦隊も交戦に加わり、三式戦で撃墜四機（うち不確実三機）、撃破五機の戦果をあげた。交戦後エンジンから白煙を吹いて遠賀川《おんががわ》の河原に降りた、飛行隊長・小林賢二郎大尉機のほか、二機が不時着で壊れたものの、〝再生〟戦隊としてはまずまずのすべり出しだった。

同じ芦屋飛行場にいた五十二戦隊と、防府の五十一戦隊は第十六飛行団を構成し、戦地へ出るまで錬成しつつ、十二飛師司令部の指揮下で防空戦闘に加わる命令が出されていた。この日に出動した両戦隊の四式戦のうち、直上から突っこんで唯一の単独撃墜を果たしたのは、飛行団長の新藤常右衛門中佐である。中佐はこのとき四十一歳、B－29撃墜パイロットの最高齢記録と思われる。

西部軍情報と五島列島の海軍レーダー情報から、佐世保鎮守府も午後四時半に空襲警報を発令。

三五二空・甲戦隊の零戦延べ三三機と丙戦隊の「月光」四機が大村基地を発進し、甲戦隊のうち飛行隊長・神崎国雄大尉指揮の八機が、離脱するB－29を追って撃墜一機、撃破一機を報告した。主力のはずの乙戦「雷電」は装備機が少ないうえにまだ訓練中で、一機も上がらなかった。

「月光」四機のうち、三機は三五二空の所属機ではない。戦力強化と搭乗員の指導役を兼ねて厚木基地から来た、遠藤幸男《さちお》中尉以下の三〇二空派遣隊員が乗っていた。B－29と交戦したのは遠藤中尉機だけで、中破三機、小破二機の孤軍奮闘ぶりだった。

だがこの戦果報告は、戦闘後に撃墜二機、同不確実一機、中破二機へと「改訂」される。甲戦隊の戦果も撃墜一機、同不確実一機に変わった。このカサ上げは、大戦果を得た第十二飛行師団（西部軍隷下の高射砲集団も）への佐鎮の〝対抗策〟だった可能性が強い。ラバウルでは一機も落としていない遠藤中尉は、この処置によって、いちやくB－29撃墜王にまつり上げられてしまった。

米第20爆撃機兵団は合計八八機（うち一三機は出遅れて翌日未明に投弾。日本機との交戦なし）を出撃させ、事故をふくめて一四機を失った。出撃機に対する損失率一五・九パーセントは、B－29の爆撃／機雷投下作戦三八〇回のうちの最高率である。

だが、陸海軍戦闘機隊と高射砲部隊が報じた合計戦果は、撃墜三七機（うち不確実一三機）、撃破四七機にも及んだ。各種各隊入りまじっての対大型機戦闘では、誤認や重複は避けられず、この傾向はすべてのB－29邀撃戦に共通する。

高度と速度の壁

防衛総司令部は北九州の邀撃戦力強化をはかり、その手始めに十一飛師隷下の飛行第五十六戦隊を、十二飛師の指揮下に入れた。戦力不足を他軍管区からの移動で補う、苦肉の策のいわゆる航号戦策である。五十六戦隊の三式戦一七機は兵庫県伊丹から福岡県の大刀洗飛行場に移動、さらに済州島に進出した。

その後、満州へ矛先《ほこさき》を向けていたB－29が、戦略爆撃目標を「鉄」から「飛行機」に変えて、大村の第二十一海軍航空廠を襲ったのは十月二十五日午前。三五二空は全力出撃に移ったが、八〇〇〇メートルの高空で機銃の凍結、エンジンのベーパーロックがあいつぎ、主力の甲戦隊は沢田浩一中尉編隊の撃墜一機のほかは、黒煙や火を吐かせた程度にとどまった。

19年11月21日に佐伯少尉の零戦が直上方攻撃を加え、小長井沖の浅瀬に撃墜したB–29。画面中央が胴体で、右寄りに垂直尾翼が立っている。同日の米側の損失は６機。

初めて邀撃に加わった乙戦隊の「雷電」八機のなかでは、名原安信上飛曹が二機を撃破して健闘。丙戦隊分隊長・井手伊武《これたけ》中尉の「月光」は、七機編隊を五島列島から東シナ海上空まで追撃し、無線機と右エンジンに敵弾を受けながらも、B－29の翼根部から激しく火を吹かせたのち済州島に不時着した。

この島から上がった五十六戦隊は、敵の帰路を襲い、被弾七機（うち大破一機）と引きかえに撃墜一機、撃破六機の戦果を得た。だが、投弾後のB－29

は三式戦の全速と差がないほど速く、捕捉攻撃の難しさを痛感させられた。

十一月二十一日朝の戦いは、手ごたえがあった。三五二空は乙戦隊のベテラン・一木《いちき》利之飛曹長ら三名が一機ずつを撃墜したほか、零戦が四機、「月光」が二機を葬った。反面、喪失と大破が合計七機など損害もめだち、なかでも清水貞治飛長と坂本幹彦中尉は体当たり攻撃をいどみ、零戦とともに大空に散った。練習航空隊の大村空も教官、教員が零戦に乗って戦闘に参加し、三機撃墜を報じた。

特記すべきは、有明海の浅瀬に落ちた超重爆を回収できたことで、航空本部からの調査団によって構造や性能が解析された。この機を落とした老練の佐伯義道少尉（三五二空）は、零戦での直上方攻撃を実施しており、操縦室内には垂直に抜ける弾痕が認められた。

三五二空の邀撃成功の要因は、「月光」が前衛、零戦と「雷電」が後衛の二段がまえで対応したこと、来襲高度が五五〇〇～七五〇〇メートルと比較的低かったことなどがあげられる。済州島の五十六戦隊も前回の経験と高度の低さを生かして、戦死一名で三機の撃墜を果たした。

初夏から晩秋にかけての北九州上空の攻防が行なわれているあいだに、防空態勢をゆるがす大きな二つの変化が起きていた。

偵察機を落とせない

一つは、九月九日の米艦上機群のミンダナオ島空襲で幕があいた、フィリピン決戦だ。九月のうちに大本営は、戦力の七〜八割を投入して戦局挽回をねらう、捷一号作戦計画にのめりこみ始める。フィリピン決戦への入れこみは、海軍よりも陸軍の方が強く、防空専任航空部隊の投入すら辞さない考えだった。

もう一つが、マリアナ諸島へのB－29の進出である。本国から大西洋まわりでインドまで二万一〇〇〇キロを空輸、そのうえ危険なヒマラヤ山脈越えが必要な成都からの作戦にくらべ、ハワイ〜クェゼリン経由のマリアナ行きは格段に楽だ。それに、なによりも日本の主要地域のほとんどすべてを、爆撃圏内に入れられる利点があった。

すべてのB－29部隊を傘下に入れた第20航空軍司令部は、第20爆撃機兵団に大陸からの作戦を続けさせつつ、マリアナに第21爆撃機兵団を展開させ始めた。同兵団のうちの最初の進出部隊・第73爆撃航空団のB－29が、サイパン島に進出したのは十月中旬。まさしく日本に危機が迫っていた。だが、捷一号作戦発動を目前にひかえて陸軍は、内地で訓練のかたわら防空を兼務していた外征用の四式戦部隊を、あいついでフィリピンへ向かわせた。

秋晴れの十一月一日午後二時すぎ、サイパンからのF－13（B－29の偵察機型）が関東上空に姿を現わした。可動機約一四〇機の第十飛行師団のうち、当直戦隊の飛行第四十七戦隊の二式戦と独立飛行第十七中隊の武装司偵（百式司偵三型を改造した戦闘機型）が、ただちに発進にかかる。他の部隊の警急機もつぎつぎに出動を始めた。

下士官進級式の最中だった海軍の防空戦闘機部隊・第三〇二航空隊でも、サイレンの音と豆ツブのような銀色の機影に、「Ｂ－29だ！」と叫び声が上がった。可動戦力約六〇機のうち、「雷電」、零《ゼロ》夜戦（零戦に斜め銃を付けた夜戦型）、「月光」がわれ先に離陸する。

しかし、一万メートルの高度まで五〇～六〇分もかかる日本戦闘機が、敵影を見てから発進しても間に合うはずはない。日本軍が持つ唯一の〝高高度戦闘機〟、武装司偵を駆った独飛十七中隊長の北川禎佑《ていすけ》大尉は、計器高度一万一四〇〇メートルまで上昇したものの、かなたに見えるＦ－13はさらに高度を上げ、ゆうゆうと洋上へ去っていった。

北川大尉に続いて司偵で上がった伊勢主邦《もとくに》中尉が、十飛師の司令部へ戦闘報告におもむくと、大本営参謀から「なぜ体当たりできなかったのか⁉」と詰問《きつもん》された。機材の劣弱と警戒網の不備を考慮せず、階級と立場をタテに、空中勤務者をせめる手前勝手な暴言にほかならない。

Ｆ－13の単機侵入は十一月五日、七日と続いたが、十飛師の邀撃は効果がなく、三〇二空と横須賀空の海軍勢も捕捉に失敗した。

本土防空担当の面子《メンツ》をつぶされた防衛総司令部と参謀本部が、伊勢中尉を面罵《めんば》したのと同じ無知と無理解から、防空部隊への非難の声を上げるなかで、第十飛行師団長・吉田喜八郎少将は特殊戦法の採用にふみきった。武装や防弾鋼板をはずした軽量化機による、空対空体当たり特攻隊の編成である。一万メートル以上の高空を確実に飛べる高高度戦闘機がない穴を、骨身を削った機と空中勤務者の命で埋めようというのだ。

十飛師隷下の戦隊から、四機ずつの特攻隊が選ばれた。特攻隊員の人選は、希望か否かを問い希望者のなかから選ぶのと、戦隊長の一存で指名する場合の、二通りがあった。乗機の武装についても、全廃と一部装備とに分かれた。改修が顕著だったのは、鈍重な二式複戦の五十三戦隊で、機関砲をすべて降ろしたうえ、アンテナ柱を切断し、同乗者用の後方席風防のすきまも金属板でふさいで抵抗を減らした。

一五〇～二百数十キロ軽くなった体当たり用機に乗る操縦者は、爆装の対艦特攻とは異なって、B－29に激突ののち落下傘降下などでの生還の道も残されてはいた。だが、帰れる可能性は低く、決死の覚悟を要する点では爆装突入となんら変わりはなかった。

いよいよマリアナからの本格空襲が始まろうというこの時期に、陸軍は防空専任航空部隊のフィリピン投入を決定した。十月十八日に捷一号作戦を発動して以来、日本軍は一度も先手を取れないまま押され続け、フィリピンの航空戦力は激減していた。

背に腹は変えられぬと十一月六日、十飛師から三式戦の十八戦隊、十一飛師から三式戦の五十五戦隊と二式戦の二百四十六戦隊の転用を決定。各部隊は中旬までにルソン島に到着したけれども、本土防空とはまったく違う対戦闘機戦に使われ、ほとんど戦果をあげられないまま壊滅する。海軍でも呉鎮守府の三三二空から零戦隊の主力がクラークに進出して、陸軍の三個戦隊と同様になすところなく消耗していった。

関東上空に迎え撃つ

十一月二十四日の午前十一時以降、陸軍は小笠原諸島の監視哨から、海軍は太平洋上の監視艇から、それぞれ「B－29北上中」の報告を受けた。敵編隊の規模とコースから、関東への来襲を確実視した十飛師司令部は、隷下の各部隊に全力出動を下命。

独飛十七中隊の武装司偵、下志津教導飛行師団の百式司偵に、勝浦～御前崎を結ぶ近海上に推進警戒線を張らせ、伊豆半島先端から東京上空にかけて五十三戦隊（二式複戦）、審査部戦闘隊（三式戦、四式戦）、四十七戦隊（二式戦）、第一錬成《れんせい》飛行隊（四式戦）、二百四十四戦隊主力（三式戦）、二十三戦隊（二式戦、一式戦）、常陸《ひたち》教導飛行師団（一式戦～四式戦、二式複戦）、七十戦隊（二式戦）、二百四十四戦隊の一部（三式戦）を配置した。

このうち下志津および常陸教飛師、審査部戦闘隊、一錬飛は、邀撃以外に主務を持っていて、十飛師の指揮下に臨時に編入された戦力である。

B－29群は富士山上空で右へ変針、八二〇〇～一万メートルの高度で東進した。通常攻撃の戦闘機隊は高度一万メートル、体当たり特攻機は一万一〇〇〇メートルに待機の手はずだったが、そこまで到達できない機が多かった。強いジェットストリームの中では、浮いているだけが精いっぱいで、高速気流に乗って異常に速いB－29を捕捉し、撃墜するのは、きわめて困難だった。

二時間五〇分にもおよぶ戦闘で、十飛師が報じた戦果は撃墜五機と撃破六機。六機の未帰還機には特攻機二機がふくまれていた。四十七戦隊の見田《みた》義雄伍長は銚子沖五キロまで追撃し、僚機の眼前でB－29に激突。見田機は炎と化して海中に消え、敵機もまもなく落ちた。もう一機、五十三戦隊の入山《いりやま》稔伍長機は市川上空で接敵し、敵弾を浴びつつ直前まで迫ったけれども、力つきて自爆した。

強制冷却ファンのカン高い金属音を響かせて、第三〇二航空隊・第一飛行隊の「雷電」二一型が厚木基地から上昇にかかる。

また、F－13初侵入のおりに参謀の詰問を受けた独飛十七中隊の伊勢中尉は、九十九里沖で煙を吐かせたB－29をさらに追いかけ、「ワレ被弾ス」の電文を残して帰らなかった。なんら戦闘に寄与せず地上でさわぐだけの人間に対する、決死の抗議だったと思われる。

三〇二空では「雷電」と零戦を中心に、「月光」および零夜戦、「銀河」「彗星」の各丙戦も出撃したが、哨戒空域が三浦半島上空の周辺だったため、会敵の機会が少なかった。したがって戦果は撃破一機のみで、海没二機、大破三機と損失のほうが大きかった。体当たり攻撃に関しては、司令の小園大佐との相談のうえで飛行長・西畑喜一郎少佐が、これだけは受け入れられない旨《むね》を防衛総司令部に伝えていた。

第21爆撃機兵団は、見田伍長機の体当たりによるものを含み二機を失った。B－29も高速気流に流されて、目標の中島飛行機・武蔵製作所に投弾できた機は少なかった。

関東上空の初交戦がすんで、投弾前の撃滅を果たせなかった十飛師が、取りえた唯一の対策は、特攻機を四機から八機へと倍増することだけだった。高高度を飛べる排気タービン装備機を持たない悲しさである。

あいつぐ体当たり攻撃

十一月二十七日の昼間来襲と二十九～三十日にかけての夜間来襲では、厚い雲が張りつめて手も足も出なかったが、十二月三日午後の邀撃戦では空対空特攻隊が活躍した。

高度一万メートルで零下四〇度の酷寒に耐えていた、二百四十四戦隊特攻隊長の四宮《しのみや》徹中尉は、五〇〇メートル下方のB－29五機編隊へ向けて降下。外側のB－29に正面から突進し、直前で三式戦を傾けて左翼を右翼外側エンジンにぶち当てた。

煙を引いた敵は東京湾上で、第一中隊長・小松豊久大尉機につかまって止《とど》めを刺され、左翼を先端から二メートルちかく失った四宮機は、たくみな操縦で調布飛行場に帰ってくると、脚を出して降着した。

同じ特攻隊の板垣政雄伍長機も敵の右翼に激突し、三式戦は空中分解したが、伍長は放り出されて落下傘降下で生還。中野松美伍長機は下方からB－29の水平尾翼を破壊したのち、水田に不時着した。

雪に覆われた富士山をはるか眼下に見て、第500爆撃航空群のB－29が高空を東進する。目標は中島飛行機・武蔵製作所だ。

二式複戦の五十三戦隊でも、特攻隊の沢本政美軍曹機が体当たりを加え、軍曹は乗機と運命をともにした。通常攻撃では吉村輝夫曹長が、数十発の敵弾を受けながら一機を撃墜したが、後方席の桂木達雄少尉は機上戦死、吉村曹長も重傷を負った。

主力がフィリピンへ抜けた十八戦隊の残置隊でも、選抜操縦者による少数の三式戦が出動。角田《すみた》政司中尉が直上方からの一撃で両翼の付け根から白煙を吹かせると、やがて炎がちらつき、降下するうちに巨体は爆発して三つに割れた。

初空襲時には待機空域を限定したため会敵しがたく、戦果があがらなかった三〇二空はこの日、伊豆半島から房総半島東岸にかけて広く散開。甲、乙、丙戦の各分隊は初めて手ごたえある交戦を展開し、合計で撃墜九機（うち不確実三機）、撃破八機の戦果を報じた。「雷電」の坪井庸三《ようぞう》大尉と先任下士官・中村佳雄上飛曹、零夜戦の井村雄次大尉は、いずれも直上方攻撃を用いて一機ずつを撃墜している。

横須賀空の戦闘機隊および審査部からも「雷電」、零戦が邀撃に加わった。武藤金義飛曹長が指揮する横空両組織合同の「雷電」三機は、前側上方からの攻撃で二機を撃破。煙を引いて逃げた手負いのこの二機は、三〇二空機がつかまえて落としてしまった。

はがくれ隊、千早隊などと自称していた十飛師の体当たり特攻隊は、二日後の十二月五日に防衛総司令官から震天隊と名付けられた。十二飛師でも同様の戦法が採用されていて、そちらは回天隊と呼ぶよう定められた。

特攻隊員を選出するだけで、自身は地上指揮に専念する戦隊長のほうが多いのに、「空中指揮が本来だ！」と率先垂範、みずからにも体当たり戦法を課した戦隊長がいた。軽爆から転科した二百四十四戦隊の小林照彦大尉である。

弱冠二十四歳の小林大尉は、乗機の尾翼を特攻隊と同じに赤く塗り、着任後まもなくの三日の戦闘ではまっ先に発進。直前方（真正面から）攻撃をかけてエンジンをやられたが、飛行場に帰るや乗りかえて再出撃する闘志を見せた。そして二ヵ月ちかくのち、実際に体当たり攻撃を実行してみせるのだ。

伊丹飛行場から出動する飛行第五十六戦隊の三式一型戦闘機丁型「飛燕」。この型は上昇力が劣り、軽減策が必要だった。

戦火は中京地区へ

戦場は最大の航空工業地帯、中京地区の上空に移る。

中部軍管区を守る十一飛師の防空戦闘機戦力は、本来なら四個戦隊と武装司偵を持つ一個独飛中隊。だが、五十五戦隊と二百四十六戦隊の主力がフィリピンへかり出されたため、中京には五戦隊、関西には五十六戦隊と独飛十六中隊があるだけだった。明野教導飛行師団（一式戦～四式戦）と、フィリピンから戦力回復でもどった十九戦隊（三式戦）が補助戦力と見なされていた。

海軍戦闘機の実施部隊は一つもない。軍港、要港が存在しないためで、わずかに第三航空艦隊の錬成部隊二一〇空が愛知県明治基地で、甲、乙、丙戦を持っているにすぎなかった。

十二月十三日の正午すぎに八丈島レーダーに捕捉されたB－29群は、伊豆半島のはるか南で変針し、名古屋の三菱重工・発動機製作所をめざした。敵目標は関東、との思いこみから出動命令のタイミングを逸して、愛知県清洲の飛行場から出た五戦隊の二式複戦が上昇中に、投下爆弾の爆煙が工場から上がり始めた。

五戦隊は情報の遅れと高空での機関砲凍結が災いして、戦果ゼロ。阪神上空からあわてて名古屋へ向かった五十六戦隊は、すでに済州島からのB－29邀撃を経験していた。けれども、高度八〇〇〇メートル以上での戦闘は初めてで、各部の凍結や酸素不足に悩まされ、二機を撃破したにとどまった。零戦を主体に、「紫電」「月光」「彗星」夜戦を上げた二一〇空も撃破二機のみ。

撃破一機を報じた五十六戦隊の中隊長・永末昇大尉は、B－29の性能を見るため、敵の防御火器の射程外を同航した。爆弾倉を開いて抵抗を増した超重爆に、エンジン全開の三式戦がやっとついていける状態で、速度不足が明らかだった。

この邀撃戦で撃墜を果たしたのは、〃予備戦力〃の隊である。小牧の五十五戦隊残置隊の隊長・代田《しろた》実中尉と、戦力回復で同じ飛行場にいた十九戦隊（フィリピンへ再進出の予定）の村上孝軍曹が、ともに三式戦でそれぞれ一機の撃墜を記録した。

十一飛師では空対空特攻隊を編成しなかったが、高高度での戦闘のために、各部隊とも機材の軽量化に取り組んだ。五戦隊は二式複戦の後方席と上向き砲の除去、五十五戦隊残置隊および五十六戦隊は機関砲二門と防弾鋼板をはずし、鉄製の酸素ビンを酸素発生剤に変えるなどの手を打った。

それでもなお、三式戦で一万メートルまで四五〜五〇分もかかり、空中指揮をいとわぬ五十六戦隊長・古川治良少佐は、高高度性能が優れた新型機の出現を渇望した。

名古屋への昼間空襲は十二月十八日、二十二日と続く。十一飛師と中部軍の邀撃準備にも初回のようなあわてぶりは見られず、各戦隊とも奮戦を示した。

明治基地で第二一〇航空隊の「紫電」一一甲型が待機する。この乙戦をB-29邀撃に用いたのは同部隊だけであったようだ。

なかでも目ざましいのは、可動機が一〇機に満たない五十五戦隊残置隊で、両日を合わせて安達武夫少尉が三機、隊長・代田中尉が二機、遠田美穂《とみほ》少尉が一機の撃墜を記録。若い指揮官と、部隊配属後三〜四ヵ月にすぎない学鷲（学生出身の操縦者）の、予想をこえる活躍ぶりである。五戦隊でも攻撃隊長・栗原康敏大尉、藤原誠中尉、坂口望曹長らが、九〇〇〇メートル以上の高空で撃墜に成功し、前回の雪辱をはたした。

海軍の二一〇空も、錬成部隊としてはよく戦った。十二月十八日は零戦、「紫電」「彗星」「月光」合計三三機が出撃して撃墜三機（うち不確実一機）と撃破二機、二十二日は三七機で撃墜破各一機を報じている。

米第21爆撃機兵団の損失は、両日を合わせて七機だった。

中京初空襲ののちに、手うすの十一飛師への航号戦策が実施され、二百四十四戦隊の主力が浜松に進出して二十二日の戦いに加わった。また、中京のつぎには関西への来襲が懸念されて、大本営海軍部は岩国の三三二空に、甲戦と乙戦を鳴尾へ、丙戦を五十六戦隊がいる伊丹へ進出させるよう命じた。

戦力不足を部隊の移動でつくろううちに、昭和十九年最後の空襲が十二月二十七日、中島・武蔵製作所にかけられた。

正午すぎからの邀撃戦で、五十三戦隊・震天隊長の渡辺泰男少尉が前上方からB－29の下にもぐったのち、機首を上げて激突し戦死。学鷲・増田利夫少尉は複戦の二〇ミリ上向き砲全弾を撃ちこんで、東京湾への撃墜をはたした。都民注視の上空で、二百四十四戦隊・震天隊の吉田竹雄曹長も体当たりを敢行して、敵機とともに散った。

十飛師隷下の武装司偵部隊には旧来の独飛十七中隊のほかに、十一月に編入された飛行第二十八戦隊があった。

十二月二十二日に独飛十七中隊が三機撃破を報じたのに対し、この日は二十八戦隊が戦果を得た。

武装司偵はもとが機体強度の弱い百偵なので、急機動はかなわない。計器高度一万一六〇〇メートルまで昇った北川鉞夫《えつお》軍曹が、機首の二〇ミリ機関砲二門でゆるやかな前上方攻撃を加えて、撃墜一機、撃破二機と奮戦。北川機も被弾したが、胴体着陸で帰り着いた。

三〇二空では、零夜戦分隊長の荒木俊《しゅん》士《し》大尉が小松勇治上飛曹（負傷）を列機に、犬吠埼《いぬぼうざき》まで追撃して一機撃墜。十八日の空戦で進出邀撃により一機を落とした「月光」分隊長・遠藤大尉は、撃破にとどまった。

充分な機数も高性能機もないまま、新年を迎える防空関係者たちの心境は、吉田十飛師師団長の日記に簡潔に書かれている。

「今や全《すべ》て遅し。依然、無理を強行する以外に手段なし」

高空の苦闘は続く

防空部隊の昭和二十年は、一月三日の名古屋空襲で始まった。焼夷弾による実験的な地域爆撃に向かった七八機のB－29に、三個戦隊からの三式戦が襲いかかった。

小規模ながら健闘する五十五戦隊の残置隊長・代田中尉は、見学にきた陸軍幼年学校生徒に「B－29の攻撃を見ておけ」と言い残して発進。直上方からの連射で発火させた手負い機に、体当たりで止めを刺した。落下傘で降りた重傷の代田中尉は病院に運ばれて、未帰還の隊員を心配しつつ息を引きとった。B－29を陸上に落とし、空襲に苦しむ市民に見せてやりたいための体当たりだった。

安達少尉機の胴体には四つ目の撃墜マークが描かれたが、代田中尉のあとを追うように半

震天隊と呼ばれ、胴側に翼付き陣太鼓マークを描いた、飛行第四十七戦隊の二式二型戦闘機「鍾馗」特攻機が出撃にかかる。

月後の空戦で散っていく。

伊丹から中京の空域に進出の五十六戦隊では、涌井《わくい》俊郎中尉（戦死）と高向《たかむき》良雄軍曹が体当たり。浜松飛行場に移動していた二百四十四戦隊も、白井長雄大尉、鈴木正一伍長らの編隊が撃墜三機、撃破一機を報じるなどの活躍で、一機の損失もなく撃墜五機、撃破七機の合計戦果を得た。

二式複戦の五戦隊もがんばって、伊藤藤太郎中尉機が八〇をこす弾痕と引き換えに二機を撃墜破。坂口喜《よし》生《お》曹長も翼根部に三七ミリ弾を命中させて撃墜し、編隊から離れて落ちるB－29の写真が新春の紙面を飾った。

同じ新聞の写真でも悲痛なのは、一月九日の東京空襲に立ち向かった幸万《ゆきま》寿美《すみ》軍曹の体当たりである。山鹿流陣太鼓を操縦席の横に大きく描き、照準器から主脚警報ブザーまで取りはずした、四十七戦隊・震天隊の二式戦は、敵の左翼外側エンジンをもぎ取って墜落。幸機とB－29から流れる白煙を、報導班員が軍曹の出動飛行場からカメラに収めた。

この日、同じ戦隊のベテラン・栗村尊《たかし》准尉は、プロペラで敵の昇降舵を破壊ののち落下傘降下。僚機が視認していたが、海上で行方不明のまま戦死と認定された。

突進タイプの戦隊長・小林照彦大尉に率いられる二百四十四戦隊は、一月九日に高山正一少尉と丹下充之《みつゆき》少尉、二十七日には高山少尉（戦死）、板垣軍曹、中野軍曹（以上三名は二回目）、田中四郎兵衛准尉、安藤喜良《きよし》軍曹（戦死）と体当たり攻撃があいつぎ、公約どおり小林戦隊長も体当たりを敢行して、戦隊の空中勤務者全員が特攻隊員になったかの様相を呈した。同戦隊のB－29体当たりは、防空部隊最高の合計二〇回にもおよぶ。

飛行第二百四十四戦隊をひきいる小林少佐の三式戦一型丁。前部固定風防の下のB－29撃墜マークに体当たり戦果が加わった。胴帯は青色。

中京、阪神地区の防空で、戦闘戦隊に劣らない活躍を示したのが独飛十六中隊の武装司偵だ。高戦隊と自称した彼らの戦いは積極果敢で、十一月中旬以降、中村忠雄少尉機（同乗・若林一男兵長は生還）、鈴木茂男少尉機（操縦・中村靖曹長）など体当たり四機をふくみ、二月までに九機の空中勤務者、合わせて一二名が戦死する。

隊長・成田冨三大尉は弱い構造の機をあやつって、つねに率先突入をくり返す。一月十四日の名古屋空襲時に一機を落とした後藤信好曹長など、通常攻撃でも戦果をかさねて、二月下旬までに撃墜一四機、撃破一四機を報じた。

その一月十四日、三〇二空は「雷電」、零夜戦を厚木上空にとどめ、足の長い「月光」と「銀河」を西進させた。出撃のつど戦果を報じ、報道班員の格好の取材源になっていた遠藤大尉の「月光」は、遠州灘へ離脱するB－29を襲《た》い、「一機撃墜、大破…機（聴き取れず）」の無電を最後に音信を絶った。被弾した乗機から偵察員の西尾治上飛曹を脱出させたあと、大尉も落下傘降下したが、ともに生還はかなわず、撃墜破各八機（撃墜六機、撃破一〇機？）の記録にピリオドを打った。

九日後の一月二十三日の名古屋空襲で、愛知県上空まで進出した三〇二空「月光」隊の大山裕正中尉機、菊地敏雄少尉機などが合わせて三機撃墜、二機を撃破。零夜戦分隊の森岡寛《ゆたか》大尉と安藤邦雄二飛曹も、直上方攻撃をかけたのち、防御弾幕をついて食い下がり、一機撃墜を果たしたけれども両機とも被弾、安藤二飛曹は落下傘で降りた。

左手を射《い》抜かれた森岡大尉は、からくも浜松飛行場に不時着したが、手術で手首から先を失った。だが三ヵ月後、不屈の闘志で零戦搭乗員に復帰し、五月下旬から敗戦の日まで戦果をかさねていく。

本格的な高高度戦闘機が存在しない防空部隊では、三式戦の過給機回転数のアップ、「雷電」の新形状プロペラへの換装など、高空の邀撃戦への対応策に腐心した。それとは別に、高度九〇〇〇メートル以上の薄い大気中では、新鋭の四式戦、「雷電」や「紫電」よりも、翼面荷重の低い一式戦、零戦のほうがむしろ行動しやすい面があった。

一月十九日の川崎航空機・明石工場への空襲効果を、一万メートルの高空からF－13が偵察に来た。事前の情報で発進した三三二空の相沢善三郎中尉が乗る零戦は、めったにない好調で一万一〇〇〇メートルまで上昇でき、一〇〇〇メートル強も下にいるF－13に向けて直上方攻撃に入る。全弾を放って離脱。敵は黒煙を吐いて去ったが、やがて中部軍司令部から「B－29一機、洋上に墜落」との連絡が来て、偵察機撃墜というまれな戦果が確定した。

訓練部隊も加わって

フィリピン決戦が惨敗に終わって以後、沖縄戦が始まるまで、航空部隊にとって本土上空が最大の戦場になった。関東地区については、第三航空艦隊の戦力として錬成途上にあった二五二空（零戦）や、フィリピンで消耗して再建中の五十一、五十二戦隊（四式戦）をはじめ、筑波空、谷田部空（ともに零戦と「紫電」）、一錬飛（四式戦）といった訓練部隊でも、教官や教員／助教たちがB－29攻撃に加わった。

二月十日の関東上空邀撃戦では、防空専任の十飛師、三〇二空のほかに、これら各部隊が

B–29編隊は圧倒的な威力で、立ち向かう防空陣を突破した。

参加し、「日本空軍総力出動」の感があった。

満州でもB－29と戦っていた七十戦隊の小川誠准尉は、目標にされた太田上空で敵編隊に逆《さか》落《お》としの後上方攻撃をかけた。下方へ抜けて上昇、二式戦の四門の一二・七ミリ機関砲を、爆弾倉を開いた超重爆に撃ちこんで離脱する。弾丸は爆弾に命中して大爆発、その破片が後続機に当たって、一度に二機が墜落した。

館林上空で一錬飛の四式戦の体当たりを尾部に受けたB－29が、姿勢をくずしたところに後続機がぶつかり、こちらも一挙に二機が落ちた。操縦者はすでに三機を撃墜していた敏腕の倉井利三少尉で、この壮烈な戦死に防衛総司令官から感状が授与された。

三〇二空では分隊長・寺村純郎《すみお》大尉が「雷電」で一機撃墜。それまで戦果が得られなかった「彗星」夜戦隊でも、中《なか》芳光上飛曹（機長・金沢久雄少尉）が火ぶすまの中に突っこんで三撃をかけ、一機を落として気を吐いた。

第21爆撃機兵団は出撃機の一〇パーセント、一二機を失い、マリアナからの作戦では最高の損失率を記録。防空戦闘機隊に凱歌《がいか》が上がったが、それから六日後、本土上空の航空戦は様相を一変する。

襲いかかるF6F

二月十六日の早朝、東京から二〇〇キロの太平洋上で第58任務部隊（空母機動部隊）の放った艦上機群が、関東各地の航空施設に押しよせた。十飛師は出撃から鈍重な二式複戦をはずし、三〇二空も夜戦を空中避退させて、本土防空戦初の対小型機戦闘に挑んだ。

千葉県八街《やちまた》上空でグラマンF6F「ヘルキャット」六機編隊に襲いかかった、波多野貞一大尉指揮の四十七戦隊・桜隊（第三中隊）の四式戦は、一〜二撃で全機を撃墜。五十一戦隊長・池田忠雄大尉がひきいる四式戦六機が、鉾田《ほこた》上空でF6F十数機と出くわして、混戦のなかで損失なく二機を落とし、飛行隊長・池末幸彦大尉の編隊も二機撃墜を果たした。

腕に覚えの搭乗員が多い、横須賀空も邀撃に出動。トップクラスの技倆の羽切《はきり》松雄少尉は、新鋭機「紫電改」に乗ってF6F一機をしとめた。珍しい戦果では、尾形勇飛曹長の水上戦闘機「強風」による、F6F二機を相手の格闘戦での一機撃破がある。

しかし、こうした有利な戦いはむしろ例外で、対戦闘機戦に慣《な》れない防空部隊の大半は苦戦におちいった。彼らにとっての強敵はボートF4U「コルセア」よりも、上昇力と運動性

関東への空襲の先陣を受け持つF6F−5「ヘルキャット」群。空母「ホーネット」(二代)の飛行甲板上で2000馬力の爆音がとどろく。2月中に米艦上機は関東に3日間の空爆をかけた。

がいいF6Fだった。

印旛沼上空で空戦に入った二百四十四戦隊の藤沢浩三中尉は、乱戦で単機になったのち、後下方からせり上がってきたF6F編隊の射弾を浴びて、エンジンが止まり、滑空で利根川べりに不時着。水戸の常陸教導飛行師団から四式戦で上がった、防空戦闘のベテラン真崎康郎大尉も、霞ヶ浦上空で下方のF6F編隊に一撃を加えて上昇中に、上空から直掩のF6F六機に降られてエンジンに被弾し、やはり滑空で利根川の水面にすべりこんだ。

撃墜戦果と空戦による戦闘機の損失は、十飛師が六二機と三七機、三〇二空が九機と五機、三航艦(二五二空、六〇一空、二一〇空)が五五機と一四機になり、戦果が損失を上まわっている。けれども「撃墜」はあくまで日本側の主観にすぎず、実際の撃墜数はせいぜい報告の三割程度だろう。

硫黄島への上陸作戦を日本機にじゃまさせないための、艦上機の関東波状空襲は、翌十七日も早朝から始まった。敵戦闘機との交戦による陸軍戦闘機戦力の消耗をおそれた防衛総司令部は、十飛師の主力である四十七戦隊と二百四十四戦隊を、本土決戦用組織の第六航空軍の指揮下に入れ、邀撃任務からはずしてしまった。

三〇二空からの出撃は、「雷電」が延べ一二機と零戦が延べ一七機。伝説的な空戦技術を持つ赤松貞明中尉は、千葉上空でＦ６Ｆ編隊に後上方攻撃をかけ、一撃ずつで二機を葬《ほうむ》った。

手前右側が横須賀航空隊・戦闘機隊の羽切少尉、左は同じ横空の中の審査部付を務めた戸口勇三郎飛曹長。遠方左には「紫電改」が置かれ、右に零戦が列線を敷いている。

厚木にもどって再出撃、相模湾へ離脱するＦ６Ｆ群の二機を撃墜した。一回目の出撃には赤井賢行中尉、二回目は坂正《ただし》一飛曹が列機についていたが、二人とも赤松中尉から離れて深追いしたため未帰還になった。

暴風のような二日間の邀撃戦で、日本側は七八機、米海軍は四九機を失った。日本側の戦死者のなかには、一式戦で離陸上昇中にＦ４Ｕ「コルセア」に襲われた二十三戦隊長・藤田重郎《じゅうろう》少佐、二式戦で東京湾に突入した七十戦隊第二隊（第二中隊）長・河野涓水《きよみ》大尉、Ｆ６Ｆを撃墜後に頭部に被弾した三〇二空の零夜戦分隊長・荒木大尉など幹部もふくまれ、手痛い出血を強《し》いられた。

敵艦上機は二月二十五日にも関東を襲い、防空陣を痛めつけて去った。ついで三月十八日から、沖縄戦の露払いとして西日本を襲撃。第五航空艦隊の二〇三空や七二一空の零戦を相手に、米艦戦は有利に戦いを進めたが、十九日の朝に瀬戸内海上空でぶつかった日本機は手ごわかった。

それが十九年末に源田実大佐の肝入りで編成された、新鋭機「紫電改」装備の三四三空である。戦闘三〇一、四〇七、七〇一の三個飛行隊は、加藤勝衛上飛曹の五機撃墜を筆頭に存分に戦い、F6FとF4U合計四八機、カーチスSB2C艦爆四機の撃墜を報じた。三四三空の損失は偵察機の「彩雲」一機をふくみ一六機で、戦果の誤認や重複を差し引いても、互格以上の戦いだったと思われる。

焼夷弾空襲が始まった

この間に、B-29の作戦に大きな変化が起きていた。

第21爆撃機兵団司令官カーチス・E・ルメイ少将は、前任のヘイウッド・S・ハンセル准将から受けついだ高高度精密爆撃を続けたものの、日本上空のジェットストリームと層雲にはばまれ、出撃規模のわりに上がらぬ効果に悩まされた。

日本軍には低高度用の対空火器が少なく、夜間戦闘機も少数なうえレーダーを付けていない、との情報を得て、爆撃方法の一八〇度転換を決意した。日本軍の抵抗が弱く、二倍以上の爆弾を搭載でき、火災による広範な延焼を望める作戦——夜間、低高度からの市街地への無差別焼夷弾空襲である。

三月九日の夜、東京は晴れてはいたが、レーダーアンテナが揺れて役に立たないほどの強風だった。翌十日に移るころ、房総半島の監視哨から第十二方面軍（東部軍を改編）に、B－29らしき爆音を聴取、との報告が入った。その数分後、東京の東部地区にいきなり火の手が上がった。

同士討ちを避けるため機銃を全部おろし、六トンずつの焼夷弾を詰めこんだB－29は、高度二〇〇〇メートルの低空を、東京湾からぞくぞくと侵入してくる。第十飛行師団は夜間戦力の全機発進を命じた。

戦力の中心は、千葉県松戸飛行場が基地である、夜間専任部隊の飛行第五十三戦隊だ。まず小林克己中尉指揮の警急中隊が発進し、ついで夜間作戦の可能な操縦者たちが乗る二式複戦が、あいついで夜空に消えていった。

十二飛師の四戦隊が機首装備の三七ミリ砲を主用し

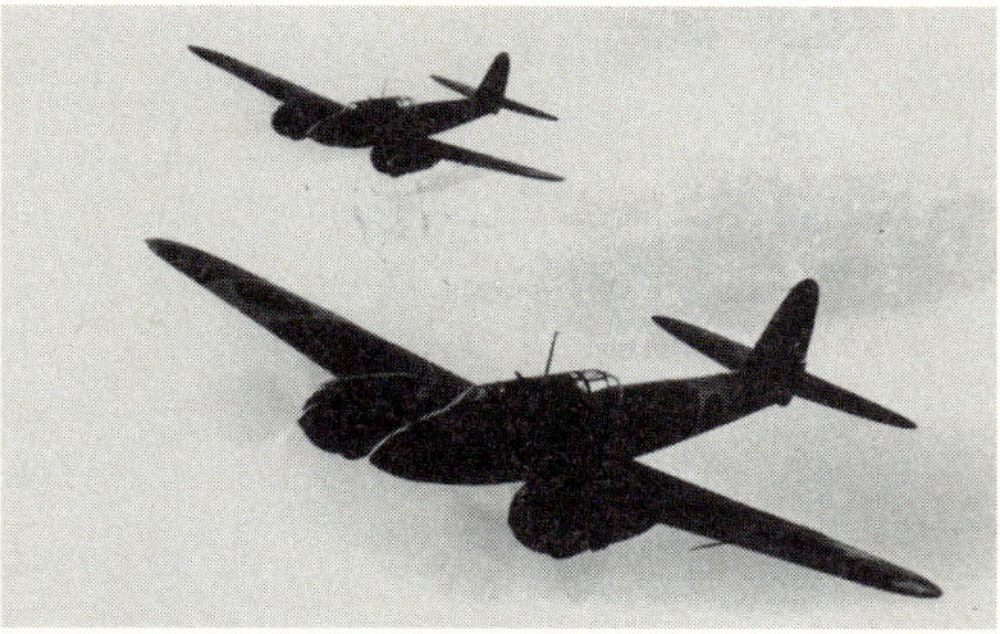

飛行第五十三戦隊の二式複戦丙型丁装備機または丁型。丁装備と呼ばれた上向き砲がアンテナ柱の前方に突き出している。

たのに対し、五十三戦隊では二〇ミリ上向き砲攻撃を重視していた。この夜、二度出撃した根岸延次《のぶじ》軍曹は、照空灯につかまったB－29に接触寸前まで近づき、上向き砲で二機を撃墜。二月十九日の昼間空戦で一機を落としていた中垣秋男軍曹機の上向き砲は、五発出ただけで故障し、絶好のチャンスを見送らねばならなかった。

陸軍では単座機の操縦者でも、夜間飛行をこなすのが原則だ。柏の七十戦隊からも技倆甲の選抜者が二式戦で出撃し、二月十日に一撃で二機を落とした第一隊（第一中隊）の小川准尉は、得意の直下方攻撃で四〇ミリ噴進弾（ホ三〇一）を撃ちこんで数機を撃破。第一隊長・吉田好雄大尉が一機撃墜を果たした。

単機ずつのB－29を低空で捕捉する、組みしやすいはずの戦闘をはばんだのは、燃える下町から流れた煙だった。戦力アップのため四戦隊から転属してきた、五十三戦隊「さざなみ」隊長・佐々大尉は、東京湾岸で一機を撃破したが、照空灯圏外へ逃げられ、視界をふさぐ煙のために飛行場に帰還。左翼前縁に付けた着陸灯の光に、ボタン雪のように見えたのは、下町で燃えた紙クズや灰だった。

第21爆撃機兵団のB－29は二七九機が主目標に投弾し、一四機を失った。三〇二空や横空の夜戦隊は陸軍機との錯綜《さくそう》を懸念して、出撃を手びかえたから、実際の戦果の大半は五十三戦隊があげたと見ていいだろう。

まれにみる戦意と敢闘

夜間の無差別焼夷弾空襲は、三月十二日未明の名古屋、十三日から十四日にかけての大阪と続く。

十三日の夜、たれこめた雲と強い下降気流をついて、五十六戦隊の選抜操縦者四名の三式戦が伊丹飛行場を発進した。一機は故障で離陸断念の長機に接触して大破し、もう一機は工場の煙突にぶつかるひどい天候のなかを、鷲見《すみ》忠夫曹長機だけがかろうじて離陸できた。B－29をつかまえたのに弾丸が出ず、いったん降りて再出撃した鷲見曹長は、落下中の焼夷弾や高射砲弾の炸裂を見て大阪市民の苦境を思い、戦死を覚悟して雲中に突入。地上の炎で赤く染まる層雲のあいだを飛ぶB－29に、つぎつぎに命中弾を浴びせた。

燃料切れか故障か、空中でプロペラが止まった乗機からとび出した曹長は、尾翼に当たって重傷を負った。単機、低空で奮戦を続ける三式戦を地上から見た師団長は、第十五方面軍（中部軍を改編）司令官に上申、鷲見曹長は七機撃墜破を記した稀有《けう》な生存者個人感状を授けられた。

同じ伊丹飛行場でも、反対側に位置する三三二空・丙戦隊は下降気流の悪影響を受けず、小規模な隊ながらこれまで最高の「月光」五機が出動した。一機撃破後、丙戦隊長の林正寒《せいかん》大尉機は故障と地上砲火の被弾で、両エンジンが止まって不時着。ほかに二機が帰ってこなかった。

ついで、三月十六〜十七日の夜、神戸が火の海と化した。フィリピンからもどって戦力を回復した大阪・大正の二百四十六戦隊では、大阪空襲時にも二機撃墜（うち一機は体当たり）を報じた藤本研二曹長が、ふたたび二式戦で体当たりを敢行して一機を撃墜。両夜の目ざましい活躍によって、鷲見曹長に続き、十五方面軍司令官から生存者への個人感状が藤本曹長に与えられた。

五十六戦隊・飛行隊長の緒方醇一大尉も、一機撃墜後に「攻撃続行中」の無線連絡ののち、体当たり攻撃を加えて戦死。摩耶山《まや》に落ちたB－29の中から見つかった、三式戦の残骸《ざんがい》と大尉の靴が、激烈な最期を示す証《あかし》だった。

東京への再空襲を懸念した防衛総司令部は、夜間に強い二式複戦部隊の航号戦策による関東集中を下命。愛知県清洲《きよす》の五戦隊が調布へ移動したのちの十九日未明に、皮肉にも名古屋がふたたび市街地焼夷弾攻撃の目標になった。やはりフィリピンで壊滅して戦力回復中の五十五戦隊は、少数機の出撃ながらよく戦い、四機撃墜を記録した。

三月中旬の夜間市街地空襲はこれでピリオドを打つが、三月二十四〜二十五日の夜に、今度は三菱・名古屋発動機製作所を目標に、B－29二八五機で焼夷弾空襲をかけてきた。

五戦隊主力は東京へ行ったまま、いまだもどらない。病気で残っていた保谷《ほたに》勇曹長は、情報を聞いて出撃を決意し、名古屋上空で三七ミリ砲攻撃を主体に撃墜、撃破各一機を果たした。全弾を放って飛行場に降り、乗機を取り替えて再出動。三七ミリ弾をあいついで撃ちこみ、さらに二機を落とした。

ニューギニアでの負傷が完治しない藤井重吉准尉も、敢然と発進し一機撃墜に成功して帰ってきた。〝病人〟二人による合計四機撃墜は、米側の損失と一致する、驚くべき戦果と言えよう。

硫黄島から来た猛威

三月二十六日に発動された天一号作戦は、海軍主導のかたちで、フィリピン戦以来の総力戦に入った。

三〇二空、三三二空、三五二空の各乙戦隊の鹿屋基地への集中、三〇二空と三五二空の零戦隊の笠ノ原《かさんばら》進出、三四三空の鹿屋、国分、大村の各基地からの邀撃戦、五十五戦隊と五十九戦隊の六航軍編入、四十七戦隊と二百四十四戦隊（ともに第三十戦闘飛行集団）の移動など、防空用戦闘機部隊の九州移動が行なわれ、沖縄陥落の六月下旬まで、九州から南西諸島にかけて連日の航空戦が展開される。

しかし、これらの部隊の戦いは沖縄戦の範囲に含まれるので、本稿では割愛する。

四月七日の午前、東京に来襲のB－29群は高度が四〇〇〇メートル前後と異例に低く、防空戦闘機部隊は戦いやすいと勇み立った。B－29の上方を飛ぶ機首がとがった小型機を、三式戦と判断して日本戦闘機が接敵すると、その小型機は翼をひるがえして襲いかかってきた。

第Ⅶ戦闘兵団のP−51D「マスタング」。最優秀の大戦機と称しうる高性能は日本戦闘機のB−29邀撃力を大幅に低下させた。

硫黄島に進出した第Ⅶ戦闘機兵団のノースアメリカンP−51D「マスタング」戦闘機である。

高性能機P−51の随伴で、防空戦闘機のB−29邀撃戦はいっそう困難になった。強敵だが、こちらから攻撃しないかぎり安全な対B−29戦闘とは違い、P−51は積極的に向かってくるからだ。

鈍速で戦闘機と戦える火器を持たない、二式複戦や「月光」などの夜戦は、一方的に落とされるだけなので、昼間の邀撃戦からはずさねばならず、そのぶん抵抗力が減ってしまう。反対に、強力な味方を付けたB−29は、五〇〇〇メートル前後の中高度からの精密爆撃が可能なため、爆撃効果は大幅に向上する。

この日、P−51の壁にはばまれて、三〇二空は第三飛行隊長・藤田秀忠大尉の「彗星」夜戦のほか、「月光」三機、「雷電」一機が撃墜された。これをふくんで海軍は九機、陸軍は一一機を失い、優秀機同士が組んだ戦爆連合の威力を思い知らされた。

四月十二日の戦爆連合来襲時には、五十三戦隊・震天隊の飯岡重雄軍曹機と田上《たのうえ》久伍長機、通常攻撃の大西雪夫少尉機と山下隆伍長機がP－51の射弾を浴びて墜落。

十九日のP－51単独来襲では、三〇二空・第一飛行隊の福田英《えい》中尉、島崎四郎上飛曹、寺島道男二飛曹の「雷電」三機が落とされた。ほかに厚木基地への地上銃撃で「雷電」と零戦各一機が離陸時を襲われて大破、地上で「雷電」二機が燃えてしまった。

防空戦闘機をつぎからつぎへと葬り去り、本土の制空権を奪い取ったP－51。その唯一の〝弱点〟は、一二六〇キロかなたの硫黄島から飛来するために、目標上空にとどまれる時間が限られることだけだった。

４月19日、第45戦闘飛行隊のドナルド・E・スタッツマン少尉が操縦するP–51の射弾を受け、火を噴く三〇二空の「雷電」。

陸軍は四月十五日に航空総軍の編成を完結して、戦闘、訓練、生産に至るまでの航空関係の指揮系統を一元化。海軍も五月下旬から六月上旬にかけて、東日本の第七十一航空戦隊（三航艦）と西日本の第七十二航空戦隊（五航艦）を新編し、鎮守府所属の三〇二空、三三二空、三五二空をも配属して、運用強化

くては、空念仏《から》に等しかった。

だが、いくら指揮系統を統合、改編したところで、実際に戦う航空部隊の戦力が向上しなくては、空《から》念仏に等しかった。

五〇〇機が東京の夜空に

米第21爆撃機兵団は五月、マリアナ諸島にひしめくB-29の四個航空団をフルに使って、ふたたび市街地への連続爆撃にうつる。四百数十~五百数十機を一度にくり出しての、昼夜間の連続地域爆撃は、五月十四日の名古屋空襲に始まり、六月十五日の大阪空襲で終わった。そのピークが、五月下旬の二夜に行なわれた東京夜間爆撃である。

二十三日の夕刻、マリアナのサイパン、テニアン、グアムの三島から発進したB-29は、第20航空軍の全作戦中で最大の五五八機。うち五二〇機が、二十四日未明の東京上空に入ってきた。十飛師は隷下、指揮下部隊の夜間戦力のすべてを上げて迎え撃つ。

五十三戦隊の佐々大尉は、市街を一文字に走る炎（敵の先導機の投弾による。後続のB-29の爆撃目標にするため）を眼下に上昇、三七ミリ弾を撃ちこんでまず一機を地上に落として大爆発させ、二機目は上向き砲攻撃で仕留めた。

ベテラン古森理雄《こもりまさお》准尉の一撃を食ったB-29は、八王子周辺の丘陵にぶつかって燃え上がった。学鷲・梅田恵治少尉も、上向き砲攻撃により一機撃墜。さすがに夜は二式複戦の舞台だけあって、十飛師の撃墜戦果の三分の一、七機が五十三戦隊によってあげられた。

昼間でも離着陸が難しい二式戦で夜空を飛ぶ七十戦隊では、技倆卓抜の第一隊長・吉田大尉が二機を葬って胴側の撃墜マークを増やす。部下の大滝清軍曹も、後方からぐんぐん近づいて撃墜に成功した。

横空第七飛行隊の黒鳥中尉(左)、倉本飛曹長(少尉と上飛曹から進級後)と乗機の「月光」一一甲型。撃墜6個、撃破2個の戦果マークは4月15／16日と5月25／26日の分の合計だ。

三〇二空も「月光」隊を中心に、激戦をまじえた。ラバウル帰りの老練・林英夫少尉と、トラック諸島で戦ってきた上野良英上飛曹が、ともに一機ずつを空中分解させ、分隊長・大山中尉も斜め銃全弾を使って撃墜に成功。大橋功《つとむ》一飛曹と林義男一飛曹はそれぞれ、ベテラン偵察員の横田政吉中尉、対馬一次《かずじ》上飛曹の簡潔有効な誘導で各一機を落とし、菊地敏雄中尉機、及川成美上飛曹機も撃墜を報じた。三〇二空の合計戦果は、撃墜八機、撃破六機にのぼる。

翌二十五日の昼にP－51による戦闘機掃討戦《ファイター・スウィープ》をかけたあと、夜の十時すぎから息もつかせない無差別空襲が再開された。B－29四六四機が二時間以上にわたって、市街地に焼夷弾の雨を降らせた。

P－51の銃撃をのがれ、前橋に避退していた三〇二空の第二（「月光」と「銀河」）、第三（「彗星」と「彩雲」）両飛行隊の合計一九機と、第一飛行隊（「雷電」と零戦）の零夜戦七機が、厚木基地を発進。

山下馨《かおる》飛長（操縦）と武者《むしゃ》滋中尉（偵察）の「月光」は、一機撃破ののち、陸軍照空灯がつかまえたB－29の主翼付け根部に二〇ミリ弾を浴びせ、片翼をへし折って撃墜。残弾を撃ちこんで、もう一機を落とす。富田光政中尉機の攻撃を受けた超重爆も、右翼付け根から火を吹いて空中分解した。

他分隊も奮戦を見せる。「銀河」では佐藤碧《みどり》少尉機と山本利丸飛曹長機が、「彗星」では堀越治少尉機と、同分隊きっての戦功ペア中上飛曹―金沢少尉機が、いずれも撃墜を記録した。

また、一月二十三日の防空戦で左手首を失った第一飛行隊長・森岡大尉が、零夜戦の斜め銃で一機を撃破して空戦への復帰を果たし、横塚好《よし》一飛曹も一機を落とした。三〇二空の合計戦果、撃墜一六機と撃破八機は、開隊以来の最高記録だった。

この夜のハイライトは、横須賀空・第七飛行隊の倉本十三《じゅうぞう》上飛曹―黒鳥四朗少尉ペアの活躍だろう。埼玉県西部の上空でまず一機を撃墜、ついで東京上空で一機撃破。そのあと千葉県と茨城県上空で四機をあいついで落とし、燃料切れ寸前に横須賀基地にもどってきた。海軍に前例がない一夜五機撃墜は、いずれも地上で墜落が確認され、この超人的な活躍によって黒鳥少尉と倉本上飛曹に全軍布告の特別処置がなされた。

陸軍も五十三戦隊の二式複戦による一二機撃墜など、大量の戦果が報じられ、日本夜戦部隊にとって栄光の夜になった。事実、米第21爆撃機兵団の損失は二六機に達し、機数では全作戦中で最大の被害をこうむった。

だがこのあと、前述のとおり六月十五日までに横浜、大阪、大阪および尼崎が、いずれも五〇〇機前後による昼間空襲をかけられた。一ヵ月間・九度にわたる一連の大規模焼夷弾攻撃で大都市は灰燼《かいじん》に帰し、本土上空の攻防戦はここで勝負がついたと言えるだろう。

散発的な終局の防空戦闘

六月、大本営はこれ以上は退きようがない戦い、本土決戦の準備に入った。最後の決戦にそなえて航空戦力を温存する方針により、邀撃戦の大幅な制限が採られた。

大都市を焼きつくしたB－29は、数十～百数十機で中小都市を一つずつ潰《つぶ》し始めた。このままでは防空部隊も国民も戦意を失ってしまう。そこで、夜間来襲のB－29に対してだけは攻撃する手段に出たが、地方都市には照空灯や通信網などの支援組織がほとんど設けられておらず、さらには敵がどこをねらうのか判然としないため、五十三戦隊などが出動しても戦果のあげようがなかった。

こうしたなかで、小規模ながら敵戦闘機に対する防空戦も散発的に行なわれてはいた。

飛行第百十一戦隊・第二大隊の辰田守中尉が乗る五式一型戦闘機。８月上旬の大阪・佐野飛行場で、主翼下に装備するロ三弾（ロケット弾）の訓練中。しかし実弾は発射しなかった。

五月二十九日の戦爆連合による横浜空襲で、P－51に落とされた「雷電」二機の仇討ちを、三〇二空きっての名手・赤松中尉が果たしたのは六月下旬。経験充分の河井繁次飛曹長を列機に付けた赤松中尉は、小田原上空を飛ぶP－51二機を認め、たくみに下方へ追いこんでまず一機を撃墜。離脱をはかるもう一機にも、高位からの優速で止《とど》めを刺した。

海軍の「紫電改」に相当する陸軍最後の制式戦闘機、三式戦を空冷エンジンに切り換えた五式戦は、バランスがとれた性能で操縦者から大いに喜ばれた。明野教導飛行師団・教導飛行隊が飛行第百十一戦隊に変わる二日前の七月十六日、第二大隊長の檜《ひのき》与平少佐は伊勢付近の上空で、三機縦列のP－51を捕捉し最後尾機にねらいを定めた。ビルマで片足を失いながらも、血のにじむ努力をかさねて隻脚の戦闘機乗りに復帰した檜少佐は、二〇メートルまで距離を詰めて、一連射で敵の主翼をもぎ取った。

それから九日後の七月二十五日、積極戦闘を旨とする小林少佐指揮の二百四十四戦隊は、出動禁止の禁を破って三〇機以上で八日市を発進。和歌山から大阪方面へ向かうＦ６Ｆ群に、五式戦で戦いを挑《いど》んだ。有利な空戦を展開して、小原伝《つとう》大尉と生田伸中尉の戦死と引きかえに、一〇機撃墜、三機撃破を報じた。

五式戦を知らず、四式戦または三式戦と誤認した、相手の米海軍・第31戦闘飛行隊も、一一機撃墜（うち不確実三機）を記録していることから、混戦ぶりがしのばれる。Ｆ６Ｆの実際の損失は二機で、ほかに六機が被弾しただけだったが、編隊空戦を互角に闘った小林戦隊の技倆は評価されていい。

三〇二空の第一飛行隊長、隻腕の森岡大尉は、戦争の終末を予期したかのように、零戦を駆って戦果をかさねる。八月三日にＰ－51四機編隊の後上方から奇襲し一機撃墜、十三日には館山沖で、不時着水の搭乗クルーを救助に来た陸軍のＯＡ－10（海軍のＰＢＹ－５と同型）飛行艇を四機で協同撃墜。そして八月十五日の午前、Ｆ６Ｆ一機を落として厚木に帰った大尉を待っていたのは、敗戦を告げる天皇の放送だった。

一年二ヵ月に及んだ、本土防衛の死闘は終わった。排気タービン過給機も機上レーダーも与えられないまま、陸海軍の戦闘機部隊は持てるかぎりの力をふりしぼって戦い、屈したのである。

若さの戦果
――B－29を確実に落とした「雷電」

同時代の日本の技術では到底、実現不可能な飛行性能と防御力を備えるボーイングB－29「スーパーフォートレス」。

超重爆の異名をとった、この巨人機との交戦は概して、高高度を飛び防御火網の激しい昼間の方が、夜間よりも困難と言えるだろう（夜間は飛行そのものが大変だが、それはさて置き）。そうした対爆用の機動、敵弾をついての近接攻撃を、かたちだけでも真似《まね》るには、飛行学生／飛行練習生教程を修了して実施部隊に着任ののち、少なくとも三～四ヵ月、できれば半年のキャリアが必要だった。

高速で重武装だが、失速しやすく運動性に劣る局地戦闘機「雷電」の操縦は、零戦五二型より難しいから、そのぶん搭乗員の実戦参加が遅くなる。また、B－29が関東へ来襲し始めた昭和十九年（一九四四年）の晩秋以降は、邀撃にかまけて、新人に対する「雷電」の訓練に時間と燃料を割《さ》いていられなくなった。

これらの要因により、本格的に「雷電」でB－29と交戦したのは、十九年七月卒業の第四十一期飛行学生（第七十二期兵学校生徒出身）、第三十六期飛行練習生（第十一期甲種飛行予科練習生出身）までと言えるだろう。特異な例外はあるかも知れないが。

前者のうちの最若年は敗戦時に二十一歳、同じく後者は十八歳。しかし実は、後者よりも若い予科練出身グループが存在する。甲飛十一期生の大正十五年（十二月に昭和に改元）生まれまでに対し、同じ十八歳でも昭和二年（一九二七年）生まれのいる特乙一期生がそれだ。

乙種飛行予科練習生（特）を略した特乙は、乙飛予科練志願で第二次検査に合格した者のなかから十六・五歳以上の年長者を採用。乙飛で二〜三年、甲飛で一〜一・五年を要する地上教育すなわち予科練教程を、わずか半年に縮めて飛練へ進ませる、搭乗員の不足を補うための速成コースだった。

したがって、甲飛十一期の昭和十七年十月よりも半年おそく海軍に入隊したのに、飛練は逆にスタートが四ヵ月早い十八年九月からの三十四期である。一六〇〇名近い特乙一期生は、敗戦までの一年のあいだ実戦に参加し、正攻法と特攻で五二パーセントもが戦没する。

特乙一期と同日に受験し合格した六〇〇名あまりは、教育人数の制限から二期生になり、二ヵ月後に海軍に入隊。同様に飛練も、一期生の二ヵ月後に三十五期を命じられた。二期生の戦いも苛烈《かれつ》で戦没者は多く、一期に近い四六パーセントに及んだ。

特乙一期と二期の昭和二年生まれが「雷電」で戦った最若年搭乗員なら、そのなかでB－29を落とした者に、「雷電」による最若年撃墜記録の栄誉が与えられるわけだ。ここに実例を記述してみたい。

殺人機に試乗する

特乙一期生として岩国航空隊で予科練教程の地上教育を終え、台湾の高雄空で飛練の中間練習機教程に入ったのが昭和十八年九月下旬。四ヵ月後の教程修了時に専修機種別にふり分けられ、望んでいた艦上戦闘機コースを指定された、昭和二年二月生まれの黒田昭二一飛（一等飛行兵）は、台南空でまず九六式艦上戦闘機に搭乗した。

ついで複座の零式練習用戦闘機の操訓にかかり、零戦二一型、二二型に移行。三ヵ月あまりの実用機教程を終えた昭和十九年四月末、三十四期飛練を卒業した。これで、まがりなりにも零戦搭乗員の末席に連なれたわけだが、もちろん実戦の搭乗割に入れるレベルには達していない。

かたちばかりの〝進路希望〟を問われて、戦地行きを申し出た黒田上飛（上等飛行兵。四月に進級）だったが、辞令は「横須賀基地の第三〇二《さんまるふた》航空隊」。同期四八名のうち彼をふくむ二一名が、台湾・東港から二式飛行艇に便乗して内地へ向かう。

五月上旬の横須賀基地には、三〇二空の整備員が残っているだけで、第一飛行隊「雷電」

隊の主力は同じ神奈川県内の厚木基地へ移っていた。二一名は横須賀経由で厚木に着任し、初めて「雷電」を見た。

台南空を出るとき、三〇二空での局地戦闘機搭乗を示唆《しさ》されていたが、彼らがそのまま「雷電」搭乗員として勤務するわけではなかった。

他の実施（実戦）部隊は「あ」号作戦を主体に戦闘準備に忙しく、飛練卒業者を受け入れて錬成する余裕がない。そこで、いまだ敵機の本土空襲の心配がない、比較的に手がすいている防空専任部隊の三〇二空がその役目を請け負って、第一線用機の訓練を受けさせる延長教育の場を提供したのだ。

「雷電」の可動機数の少なさから、彼ら錬成員二一名は二つのグループに分けられた。すぐに「雷電」に乗る組と、まず零戦五二型に乗ってから「雷電」に移行する組とで、黒田上飛は即「雷電」コース一〇名の方である。

といっても、直ちに操縦訓練にかかれるわけではなかった。着陸して制動しきれない「雷電」の尾翼にしがみついたり、操向の手助けの機体押しを一〇日ばかり。そして、ようやく離着陸の飛行作業を許された。

初めて見たとき「こんな不格好なのが飛べるのか」とあきれ、不気味に思えた。太丸い一トン爆弾のようなスタイル。零戦グループがうらやましかった黒田上飛だが、「雷電」と心中してやろう、と腹を決めた。

零戦の二倍とも思えるほど座席まわりは広く、計器類も多い。地上姿勢では前方がまるで見えない。伝説的な「雷電」乗りの赤松貞明少尉をはじめ、諸先輩からデータと注意点を教わって、一回目は滑走だけ。

離陸を命じられたとき、全身が緊張した。初めて飛んだ感想は「恐ろしく、腹の底から気持ちが悪かった」。この印象はついに最後までつきまとい、何度乗っても乗り慣れることはなかった。かたときも油断できない、零戦とは対照的な飛行特性なのだ。

「雷電」にいくらか慣れてきたころ、黒田飛長（左）と同僚が二一型をバックに記念撮影。プロペラは航空性能を高めた、付け根が太い新型だ。

それでも飛ぶごとに技倆は上がる。全神経を傾けて操縦する難しい飛行機だからこそ、失速を逃れて無事に降着したときの満足感と、高速飛行中のスリルとが、十七歳の若い血を熱くさせた。

殺人機と呼ばれたとおり、「雷電」には事故があいついだ。脚の折損や胴体着陸は日常茶飯事。同期の堤光臣上飛は八月二日の操縦訓練中に、最悪の背面水平きりもみに陥って墜落し殉職。九月に上野博之中尉、十月に武田昌男中尉、山根光中尉と殉職者が続いた。

不時着と夜間飛行

特乙一期出身者が飛長（飛行兵長）に進級して一ヵ月後の十一月一日、B－29に大型カメラを積んだ偵察機型のF－13Aが、初めて関東の空に侵入した。

東京初空襲の十一月二十四日までには、合計四〇名ほどに増えた特乙錬成員も過半が他隊へ転出し、三〇二空付の「雷電」搭乗員として三〇二空に残ったのは一〇名たらず。そのなかに黒田飛長が入っていた。

ひととおりの特殊飛行《スタント》は経験し、編隊機動もこなせるまでに腕が上がった。「絶対に編隊を崩すなよ。離れたら俺は知らんぞ。ついてくるなら命は保証する」と訓示する赤松少尉の小隊の四番機としても飛び、反航戦（向かい合う）で迫って、高度差一〇〇〇メートルから垂直降下の直上方攻撃を習った。

昭和十九年のB－29邀撃《ようげき》戦で黒田飛長がよく覚えているのは、十二月末の戦闘である。記憶では大晦日《おおみそか》なのだが、この日は空襲がなかったから、中島飛行機・武蔵製作所がねらわれ、「雷電」延べ二九機が出動した二十七日だったと思われる。

東京上空、高高度で敵編隊の三番機に攻撃をかけたとき、黒田飛長の耳に金属を打つ音が響いた。同時に前部固定風防が黒く染まる。潤滑油タンクかその移送管に敵の銃塔からの一二・七ミリ弾が当たったのだ。

油圧が下がり出した。側方視界を頼りに長機に接近し、手先信号で「被弾、不時着」を報告。翼を振って編隊を離脱ののち、出力を絞ってどんどん高度を下げる。早くしないと滑油が抜けきって、エンジンが焼き付いてしまう。翼面荷重が大きな「雷電」は、滑空距離が短いし着陸速度を大きく保たねばならないから、不時着はひどく危険だ。

エンジンの調子がおかしいので、高度二〇〇〇メートルでメインスイッチを切った。昇降舵をわずかに下げ、機首下げ姿勢をとって失速を防ぐ。飛行場はないか⁉　風防を開けて地表を見まわす黒田飛長の顔もマフラーも、滑油で汚れていた。

前方に広がる地表に、滑走路が見えた。高度は一〇〇〇メートル、はたして滑空だけで到達できるか。高度の低下が早い。二〇〇メートルまで下がり、フラつく「雷電」は林をこするように滑走路に接近。脚出しか胴着か、一瞬のうちに決意して脚を下げ、直後に路端部に接地した感覚があった。

そこは、二式戦闘機「鍾馗」を装備する飛行第四十七戦隊が使う、陸軍の成増《なります》飛行場だった。珍客の来訪に、まもなく車が走ってきて、海軍航空隊でいえば「指揮所」のような建物へ運んでくれた。中に入った飛長が、山積みにされた慰問袋を見ているから、戦隊本部だったようだ。

彼の依頼で整備兵が見てくれたエンジンには異状がなく、滑油の洩れ止めは三時間ほどできた。夕暮れが近く、泊まって翌朝に出発するよう勧められたが、厚木基地へこれから帰る旨の連絡を依頼して、夕空へ発進した。

以前、千葉県の茂原基地に降りたとき、富士山を目安に東京湾を横断して帰投したことがあった。今回も同じ手でいけよう。一〇分も飛べば着くのだから。

だが師走の空は急速に暗くなる。あてにした富士山が宵闇にとけこんでしまい、灯火管制で街の明かりも見えず、地点標定のやりようがない。山や丘陵にぶつからないよう高度を上げて、あちらこちらと一時間も夜空を飛び続けた。

燃料がじりじり減っていき、いよいよだめかと思うころ、快晴のおかげで川が見えた。流れに沿って飛ぶうちに、電灯と飛行場らしい平地を認め、なんとかうまく降着できた。出迎えた整備兵に飛行場の名を聞いてびっくり。なんと離陸した成増にもどってきたのだ。さきほど世話をしてくれた幹部が「海軍の航法はさすがだ。よく正確に帰ってきたな」と驚いたという。

愛機は三三二空機

局地戦闘機すなわち乙戦の「雷電」にとって、最大規模の戦いが、鹿児島県鹿屋基地から出動を反復した昭和二十年春の南九州防空戦だ。

沖縄攻略の尖兵《せんぺい》たる米空母機動部隊に、押し寄せる特攻機を制圧する目的で、B-29が南九州の航空施設への戦術爆撃を開始。これを迎え撃つために、局地防空部隊三〇二空、三三二空、三五二空の「雷電」の、鹿屋における集中使用が決まって、三〇二空「雷電」分隊からは二〇名の搭乗員が参加した。

そのうち特乙一期は大木武飛長、坂田繁雄飛長、黒巣林次飛長、そして黒田飛長の四名。飛練卒業から一年をへた彼らの技倆は、腕達者の戦死があいついだために、もはや中堅と言っていいレベルにあった。

四月二十三日の朝、司令・小園安名大佐から「奮闘を祈る」と激励の辞を与えられて、第一陣の三個小隊一二機が厚木基地を離陸。各機は間隔を広くとって、硫黄島から来る強敵、P－51D「マスタング」戦闘機を警戒しつつ、右に富士山、左に相模湾と駿河湾を見て、三〇〇〇メートルの高度を西へ飛ぶ。眠気をもよおしていた黒田飛長は、箱根山上空のエアポケットにハッとした。

競馬場を利用した鳴尾基地での三三二空の「雷電」と、甲飛11期出身の出原寛一一飛曹(手前)、および黒田飛長と同期の矢村幸夫飛長。２人とも鹿屋へ進出する。

大規模空襲を受けて焦土と化した名古屋、大阪を眼下に、初めの中継基地である兵庫県の伊丹陸軍飛行場へ。増槽付きでも「雷電」の足（航続距離）は短く、故障も懸念されたため、伊丹のほかに四国の松山基地も中継用に指定されていた。

不調の三機が手前の鳴尾基地に降り、伊丹には九機が着陸。黒田飛長の乗機は主脚下げ完了を示す青灯が左右とも点《つ》いたのに、片脚のロック機構が働かず、接地時に引っこんで、プロペラと片翼が地面に当たり破損した。

伊丹には不時着陸した三三二空の「雷電」一八五号機（三一型？）が置いてあって、カウリングが壊れていた。これを壊れた黒田機から流用すれば、使用可能機が一機でき上がる。さっそく作業にかかってカウリング換装は完了し、整備員が地上試運転を行なっただけで、ＯＫが飛長に言いわたされた。以後三週間あまり、彼は三〇二空所属機を示す「ヨＤ」ではなく、三三二空の「32」の記号を垂直尾翼に書いた「雷電」を愛機にする。

本来なら不可欠たるべき試飛行を省いた「雷電」で滑走開始。計器が過回転を示すため、プロペラピッチをゆるめる。尾部が浮いて水平姿勢にはなったが、機体が浮かない。二〇〇メートル前方は水田だ。瞬間、無意識に飛長の左手がピッチレバーに伸び、羽根角をハイピッチに。これでプロペラの推力が高まって、からくも浮揚できた。オーバーな数値を指した回転計が狂っていたのだ。

瀬戸内海を南西へ向かい、松山で二度目の燃料補給。ここでも一機が不調で取り残された。豊後水道を航過して、桜島が見えてくると高度を下げ始め、午後五時に鹿屋基地の外側滑走路に滑りこんだ。
「雷電」を地上走行させて、基地の北側に設けられた四周がコンクリート製の、数機が入る大型掩体《えんたい》へ持っていく。そのあと滑走路の南側に建つ指揮所で、明日以降の戦闘に関する指示を受け、進出初日の任務を終えた。

２機・２機に分かれて高度差をつけた、教科書どおりの４機編隊を組んで「雷電」が上昇していく。B–29攻撃には連係の必要性が少なく、単機の機動に陥りがちだった。

翌二十四日、鳴尾に不時着の三機のうち二機が追及。厚木からの第二陣八機も到着した。三三二空は二十三日、大村基地の三五二空は二十六日に「雷電」分隊の主力がそれぞれ進出し、一個特設飛行隊の装備定数（四八機）に近い合計四三機が鹿屋にそろって、B－29邀撃態勢を整えた。

竜巻部隊と自称する集成「雷電」隊の第一戦は四月二十七日。鹿児島と宮崎両県下六ヵ所の航空基地爆撃をめざすB－29約一二〇機の一部を、小笠原諸島の海軍レーダーが捕捉して、午前四時五十分に軍令部へ打電した。

警戒警報は午前六時半。二〇分後、来襲確実を示す空襲警報に変わる。「雷電」を二分し、三〇二空の一九機が先発の甲直、三三二空と三五二空の計二二機が後発の乙直に指定された。基地飛行場の北端の宿舎を出てきた三〇二空の搭乗員が、整備員の手で発動された操縦席について、計器類を見つつ機の調子をチェックする。

「故障多発」は「雷電」の代名詞。これだけの機数が、全機とも完調であるよう望むのは無理だ。甲直のうち六機が出動不能と分かって、三五二空の五機と三三二空の一機が乙直から移って穴を埋めた。

午前七時四十五分、発進開始。視界がよく、風のない好天だった。一〇分ほどのあいだに全機が離陸していった。

三〇〇〇～五三〇〇メートルの高度から投弾するB－29に、二〇ミリ弾を放った「雷電」は一一機。黒田飛長もそのなかの一機で、鹿児島湾上空のB－29編隊を攻撃したが、効果は定かでなかった。

翌二十八日も朝の邀撃戦が展開された。出動は合わせて二七機。竜巻部隊の七回の戦闘で最多の機数だった。

前日に続いて、黒田飛長はB－29編隊を攻撃。午前八時半、鹿屋上空で白煙を吐かせた一機が編隊から遅れ、撃破が記録された。

飛長にとっては記念すべき鹿屋での初戦果のはずだが、記憶がうすい。記録の出所は防衛庁戦史部の図書館に残る「雷電部隊戦闘詳報・於鹿屋海軍航空基地」。ところが、この公式文書に記された自分の撃破を、覚えていない搭乗員が何人もいるのだ。戦果を大きく見せるため、上層部でやや水増しの配慮がなされているからだろう。

しかし黒田飛長にとって、この日の撃破が事実としても、忘れてしまいかねない理由があった。それは超重爆との三回目の交戦時にもたらされた。

最若年の確実撃墜

敵の電波を傍受してマリアナ諸島のＢ－29基地群の動向を探る、埼玉県南部の大和田通信隊は、四月二十九日午前零時にＢ－29が出撃したと判断し、鹿屋に置かれていた第五航空艦隊司令部に通報してきた。

午前零時に出たのなら、南九州来襲は朝の七時ごろだ。前二回よりも早く、五時半から即時待機（緊急発進態勢）に移行する。

来襲時間がずれたり、波状侵入だったりしても対応可能なように、二五分の間隔を置いて第一陣と第二陣を出す。すでに出動可能機数は、だいぶ減りこんでいた。前者の三〇二空六機の発進開始は午前六時十五分。

黒田飛長の一八五号機は高度五〇〇〇メートル以上を飛ぶと油圧が下がるため、エンジン焼き付きを恐れて、伊藤進大尉が乗る一番機の後下方《こうかほう》につけていた。そのうちに、周囲に「雷電」の機影が見当たらなくなった。

黒田飛長が鹿屋上空で交戦した敵機と同じ第498爆撃航空群のB–29が、目標へ向かって編隊飛行中。胴体下面から突出しているのは、地形を正確に表示するAN/APQ–13レーダー。

「国分上空より南下するB－29九機編隊を攻撃せよ。鹿屋上空に集まれ」——地上からの指令が届く。厚木ではあまり聞こえない無線電話だが、積んでいる三式空一号無線電話機が好調なせいか、鹿屋基地からの電波はかなり入った。

　ちょうどこのとき、黒田機は基地の真上を飛んでいた。連絡どおり敵九機が向かってくる。向かい合う反航戦だから、距離が詰まるのが早い。高度五〇〇〇メートルから反転、直上方攻撃だ。「背面になって逆落《さかお》とし、一五〇メートルのところで撃つ。敵機にぶち当たると思う感覚だ」と、かつて赤松少尉が教えてくれた。

　高度差一〇〇〇メートル、ねらいは先頭機。だが敵の速度は予想をこえて速く、最後尾機にかかるかたちになった。火網を冒して突っこみ、主翼の二〇ミリ機銃四梃を斉射。あっと思う間《ま》にすれ違う。

　下方へ突き抜けて態勢を立てなおし、獲物を見やると、左翼の両エンジンのあいだから白煙を噴き出した。パイロット二人を倒したのか、ひと呼吸おいてＢ－29はほとんど垂直に降下。四発重爆の断末魔だ。巨大な垂直尾翼が異常な機動に耐えられず飛散し、クルリクルリと背面きりもみで落ちていく。

地表に激突し、黒煙が湧《わ》き上がるまでを見届けた。森が迫る畑の中で、近くに建つ小屋が目に入った。鹿屋の北方、高隈山《たかくまやま》の山すそだ。電話で基地へ撃墜地点を伝える。時刻は午前七時二十分。

もどってきたら鹿屋基地は空襲を受けたあとで、あちこち穴だらけ。隙間《すきま》を縫うようにうまく着陸できた。タキシングで掩体壕へ「雷電」を運ぶ。

ほかの「雷電」もあいついで降りてきた。ここへ波状侵入で二回目の爆撃が加えられ、掩体壕あたりで炸裂する。黒田飛長は指揮所に逃れ、准士官への進級直前の河井繁次上飛曹は滑走路横の溝に伏せて助かった。

指揮所からは、飛長の乗機が無傷なように見えた。「しめた！　また飛べる」と双眼鏡をのぞいたら、十八歳三ヵ月の若者に確実撃墜をなさしめた「雷電」は、穴だらけの残骸と化しているのが分かった。

墜落地点にて

黒田飛長が撃墜したＢ－29の素性《すじよう》は、サイパン島イスリイ基地を発進した第498爆撃航空群

・第873爆撃飛行隊の所属機で、機体製造番号《シリアルナンバー》は42－65295。陸軍の都城飛行場が爆撃目標だった。

僚機の報告では、投弾後に日本機から空対空爆弾を落とされ、大きなダメージを受けたようだとされているが、これは状況に合致せず、誤認あるいは推定と思われる。別の僚機からは、右翼の一部が失われて右への急降下に入り、続いて激しいきりもみに陥った旨《むね》の証言が出された。

鹿児島県大隅半島の付け根部に位置する百引《もびき》村（現・鹿屋市輝北町《きほくちょう》）では、回転しつつ落ちてくるB－29が目撃された。墜落場所に警防団員や村民が駆けつけて、壊れた機体、搭乗クルーの遺体を取り囲んだ。

なかの一人が竹槍で遺体を突こうとするのを、「卑怯《ひきょう》なことをするな」と憲兵（村民ともいわれる）が止めた。のちに一一の遺体は村内に葬られた。村民がB－29の撃墜を喜んだのはもちろんだが、埋葬《ふ》も空襲の惨禍《さんか》を知らない人々の純粋な対応だった。

二十九日の夜が更けてから、「鹿屋の憲兵分隊へ行ってみろ。落とした機の残骸が来ているぞ」と知らされた黒田飛長は、すぐに出向いて見せてもらった。垂直安定板、脚、機銃、弾帯、酸素マスクなどが敷地の片隅に置いてあった。

乗機を失った飛長はその後、派遣隊が作戦を終えて鹿屋基地を離れる五月なかばまで、出撃の機会を得られなかった。可動の「雷電」は減る一方で、搭乗割に入れてもらえる余地がなかったのだ。

平成七年（一九九五年）の十月七日、現地・曽於《そお》郡輝北《きほく》町の教育委員会の案内を受けて、黒田さんは自身が落とした第498爆撃航空群のB－29、マーベル・L・ギーア中尉機の激突の場所に着いた。近くには「B29墜落地点の碑」と刻んだ石碑があった。

あれから、ちょうど半世紀。空戦の状況は色あせず脳裡によみがえり、万感が胸に迫る。墜死した敵クルーの冥福を静かに祈って、しばらくたたずむのだった。

切り裂くツバメ
――戦隊長に続く「飛燕」の体当たり攻撃

三式戦闘機「飛燕」を形容するのに、よく用いられる言葉が〝悲運の名機〟だ。機体の出来ばえはいいのに、ハ四〇液冷エンジンの不調に手こずった、というのがその理由だろう。しかし、かつて三式戦の記録を一冊にまとめた筆者の判断では、本機は決して「名機」とは呼び得ない。

一流のスポーツ選手に必要な条件として、心・技・体の調和があげられる。飛行機もこれと同じで、機体は見事でもエンジンがだめだというのでは、とても「名機」の名は冠せられない。すなわち、高性能を備え空戦に強くなければ、名戦闘機ではない。敵機を圧倒して初めて、戦闘機の使命を果たしたことになるからだ。したがって、いつでも出撃できる可動率の高さも、名機、優秀機の大きな一要素である。

歓迎されざる新鋭機

速度と運動性の兼備を追求し、量産性をも考慮に入れた三式戦の機体設計は、確かに優れていた。それは、空冷化した五式戦闘機に乗った操縦者が、こぞって最高点を与えたことを知れば納得できる。だが、重いうえに故障続発の液冷エンジンは、その特性を台なしにしてしまった。ドイツに傾倒する航空本部が、ハ四〇のベースであるＤＢ601エンジンに注目した昭和十三年（一九三八年）に、三式戦の「非・名機」としての運命は決まってしまったと言えよう。

昭和十八年初めに飛行第六十八戦隊に配備されて以来、三式戦を大歓迎で受け入れた部隊は実は一つもない。また操縦者のうちで「三式戦はすばらしい」と答える者も、ごくまれである。主因は、まず第一にエンジンの信頼性のなさ、ついで上昇力の欠除（とくに後半の主生産機になった一型丁に顕著）にあった。

ニューギニアでは可動率の低さに嘆かされ、フィリピンではグラマンＦ６Ｆの上昇力に負けた三式戦の、外地での戦いは苦戦の連続だった。いつでも確実に飛ぶ一式戦闘機「隼」を要求し、上昇力が優れた二式戦闘機「鍾馗」を望む声が、三式戦部隊のなかでつねに上がっていた。フィリピンで捕虜になった敵パイロットは、相手が三式戦だと「しめた、と思う」と述べたそうだが、本機の実力を端的に示した言葉と言えよう。

それでは、このようなパッとしない三式戦が戦後ながらく、なぜ「名機」と呼ばれ続け、敵機を圧倒したかのように思われてきたのか。その原因の一つは、日本とイギリスに強く見受けられる、自国製機の大半を優秀機と書かなければ気がすまない〝島国根性的ノスタルジア〟であり、もう一つは日本機には珍しい鋭角的なアウトラインから受ける、いかにも高性能機らしい印象である。

これら二つの原因は、あくまで精神的、感覚的なものだ。だが最後の一つは、もっとつかみどころがある。それが、本稿の主題である飛行第二百四十四戦隊の奮戦だ。「飛燕」といえばまず頭に浮かぶ二百四十四戦隊のめざましい活躍がなかったら、飛行機ファンの三式戦に対するイメージは「格好だけはいい、日本唯一の制式液冷戦闘機」で終わってしまったに違いない。

苦闘の予感

昭和十六年に編成された飛行第百四十四戦隊を、翌十七年四月に改称したのが二百四十四戦隊だ。東京市街の西方、調布飛行場に展開し、旧式な九七式戦闘機で東京防空を担当していた戦隊に、三式戦への機種改変が伝えられたのは十八年六月。終戦までに三式戦を装備した一〇個戦隊のうち、ラバウルに進出しニューギニアで苦闘した飛行第六十八、七十八の両戦隊に続く、三番目の配備だから意外に早い。

すでに旧式化して、練習機に毛がはえた程度に相対的能力が下がった九七戦から、制式採用されたばかりの最新鋭機への改変は、二階級特進のようなものだ。それまで少しでも邀撃《ようげき》能力を高めようと、同じ調布飛行場にいた飛行第四十七戦隊から二式戦四機を借りていた二百四十四戦隊にとっては、大変な朗報だった。しかしうれしさも束の間《つかま》、エンジンの空中停止があいついで、操縦者はもちろんのこと、整備兵も冷や汗を流した。

さらに、九七戦とは逆のスロットル操作方式（九七戦はレバーを引くと出力が増すが、一式戦の途中から、海軍と同様の押すタイプに変わった）のための墜落や、胴体内タンクの燃料残留によって重心位置が狂い、回復困難な背面きりもみに入るなど、新機材への不なれから生じる事故も少なくなかった。

これらの事故を克服しつつ、導入開始から五ヵ月後の十八年十一月には三式戦への機種改変を終了。率先して事故の解決にあたり、また対重爆攻撃法を案出した、最先任の第三中隊長・村岡英夫大尉の努力に負うところが大きかった。

本土防空をになう戦闘隊が待ち受けた超重爆B－29は、十九年六月十五日～十六日の夜に中国大陸・成都から北九州へやってきた。ついで七月上旬にはサイパン島が陥落し、まもなく太平洋側からの爆撃が東京に加えられる事態が確実視された。

関東防空の第十飛行師団司令部の隷下《れいか》にある各戦隊は、邀撃訓練にいっそうの拍車をかける。そんななかで、二百四十四戦隊では敵来襲直前の十月中旬に、実質的な空中総指揮官であり、三式戦の戦力化に打ちこんだ村岡大尉が、飛行第二十戦隊長に任命されて台湾へ転出したのが痛かった。

B－29偵察機型のF－13が、関東上空に現われたのは十一月一日。二百四十四戦隊をふくむ各部隊の追撃を振りきって、高度一万メートルを超える高空を、偵察機はゆうゆうと去っていった。ついで五日と七日にもF－13が侵入。七日の追撃は十飛師の面目をかけた全力出撃だったが、高度を一万二〇〇〇メートルに上げて離脱する敵に、排気タービン過給機を持たない日本戦闘機が追いつけるはずはなかった。

機種改変が通達された翌月の昭和18年7月、調布飛行場に三式一型戦闘機「飛燕」が姿を見せた。塗装はまだ日の丸だけだ。

苦境に追いこまれた師団長・吉田喜八郎少将は、特殊戦法の採用を決意する。高高度まで上がれるように武装や防弾装備をはずした、軽量機での体当りをめざす空対空特別攻撃隊の編成である。隷下各戦隊に四機ずつの特攻隊の選抜が命じられた。

二百四十四戦隊では隊長に第二中隊付の四宮《しのみや》徹中尉、隊員に吉田竹雄曹長、板垣政雄伍長、阿部正伍長が選ばれた。出身は順に、第五十六期航空士官候補生、第九十期下士官操縦学生、第十一期少年飛行兵、予備役下士官と、それぞれ異なっており、選抜に苦心したあとがうかがわれる。体当たり用の三式戦からは防弾鋼板と、主翼に装備されたドイツ製のマウザー二〇ミリ機関砲が取り外された。

体当たりこそ我が戦法

十一月二十四日の午前十一時、小笠原諸島の対空監視哨は北上するB－29の大編隊を発見し、ただちに東部軍へ通報した。この知らせを受けた十飛師司令部は、まず当直戦隊を発進させたのち、隷下各戦隊に全力出撃を命じた。

伊豆半島から東京にかけて、高度一万メートル前後で待機した防空戦闘機は、富士山上空で変針して向かってくるB－29群を襲おうとしたが、時速二二〇キロ（秒速六〇メートル強）ものジェット・ストリームにはばまれた。風向きに正対すれば機はほとんど進まない。高速気流に乗って異常に速いB－29に、接近するだけでも容易ではなく、十飛師の合計戦果は体当たりによる一機をふくみ撃墜五機、撃破六機（米側の実際の損失は二機）とふるわなかった。

このうち二百四十四戦隊の戦果は、手負いの機を追撃して印旛沼《いんばぬま》付近の松林に撃墜した鷲《す》見《み》忠夫曹長（十二月に五十六戦隊へ転属）による一機のみ。みずから「はがくれ隊」と呼んだ二百四十四戦隊の特攻隊四機は、高度一万一〇〇〇メートルで待機ののち突進したが、茨城県上空で二度体当たりを試みた四宮中尉をはじめ、各機とも命中はかなわなかった。

第十飛行師団長はこの戦闘ののち、空対空特攻機を八機に倍増させた。二百四十四戦隊では佐藤権之《ごんの》進《しん》准尉、遠藤長三軍曹、中野松美伍長らが加わった。特攻機を増やす以外に、十飛師司令部の取りうる策はなかったのだ。

乗機の三式戦一型丁の赤い方向舵に、「必勝」の白文字を書きこんだ戦隊長・小林大尉。前任者とは正反対の率先垂範の典型と言いうる操縦者で、全隊員から慕われた。

だが十一月二十九日、調布基地にカンフル剤ともいうべき人物が着任した。前日付で二百四十四戦隊の新戦隊長を命じられた小林照彦大尉である。

当時、最も若い戦隊長は航士五十二期の大尉（十二月一日付で少佐）だが、小林大尉はさらに一期下の五十三期の卒業で、まさしく最若年の戦隊長だった。軽爆撃機からの転科ながら闘志あふれる大尉は、三式戦に乗らなかった前戦隊長よりも一〇歳以上も若い二十四歳。「戦闘隊は空中指揮が本来だ。俺に続け！」。開口一番のこの訓辞に、隊員たちの意気は上がった。

「はがくれ隊」の体当たり戦法を聞くと「よし、これで行こう」と即断即決。特攻機が尾翼を赤く塗っ

ている のを見て、整備中隊の鈴木茂中尉にこう言った。

「俺が率いるんだから、俺の尾翼も赤く塗ってくれ。部隊マークを白で目立たせろ。敵のドギモを抜くんだ!」

こんな戦隊長に、部下が心酔しないはずはない。

完全装備の三式戦は、好調な機でも高度九〇〇〇メートル前後への上昇が精いっぱい、と知った小林大尉は、防弾鋼板の除去、弾丸の削減(一門あたり五〇発だけ搭載)と、言葉どおり特攻機なみの軽量化を命じ、それでも上がれない機に対しては機関砲二門を降ろさせることにした。

さらに燃料を減らす案まで出されたが、高高度への上昇に多量に使うため、これは見送られた。また、製造元の川崎航空機の技術者を招き、高空性能の向上を図ってエンジン過給機の改修を行なわせた。

激突が始まった

新戦隊長着任後の第一戦は十二月三日。この邀撃戦は二百四十四戦隊の名を一気に高めた。特攻「はがくれ隊」の三機が体当たりに成功し、操縦者のいずれもが生還したからだ。

午後二時三十分以降、駿河湾から侵入したB-29群は高度を五〇〇〇~一万メートルと広くとり、中島飛行機・武蔵製作所をねらって三鷹上空へ迫った。零下四〇度の関東上空で、三式戦特攻機がこれに襲いかかる。

東京上空で同高度からの体当たりに挑んで二度失敗した四宮中尉は、高度一万メートルから、五〇〇メートル下方を飛来する五機編隊に向かって肉薄。外側のB－29にぶつかる直前で機を垂直にかたむけて、十文字の形で激突した。右翼の外側エンジンに当たられた敵は白煙を吹き出し、これが黒煙に変わった東京湾の上空で、一中隊長・小松豊久大尉がとどめを刺した。

左翼のピトー管の位置から先を失った四宮機は、いったんきりもみに入ったのちに回復し、たくみな操舵で調布飛行場にもどって降着できた。この体当たりを調布から望見した整備兵たちは、帰還した四宮機の主翼付け根のリベットが、衝撃でほとんど抜け落ちているのに驚かされた。

西郷隆盛を想わせる風貌《ふうぼう》の四宮中尉は、温和ながら行動に邁進《まいしん》する武人肌の青年将校で、このときすでに絶対に帰還がかなわない対艦特攻隊長の内示を受けていた。彼はまもなく二百四十四戦隊から離れ、翌二十

19年12月３日の防空戦闘で体当たり攻撃を実施した四宮中尉（左）と板垣伍長。左は激突により左翼を破損した四宮中尉機。

年四月に第十九振武隊長として沖縄の周辺海域に散華する。

偏西風に印旛沼上空まで流された板垣伍長は、敵一一機編隊を捕らえ、まず機首に残された一二・七ミリ機関砲を撃とうとしたが故障で弾丸が出ない。そのまま、すさまじい火網をくぐって、最後尾機の右翼付け根付近に体当たりを敢行。B－29の翼が折れ、伍長は体当たりのショックで操縦席から放り出されて、落下傘降下で生還できた。

中野伍長は降下してB－29の直下にもぐりこみ、プロペラで敵の左水平尾翼を壊したのち、茨城県の水田に不時着している。

公約どおり率先出撃した小林戦隊長は、直前方攻撃をかけてエンジンに被弾。調布飛行場にもどって予備機に乗りかえ再出撃したものの、完全装備の重い三式戦では充分に高度をとれず、追撃を断念しなければならなかった。だが、二百四十四戦隊の合計戦果は撃墜六機、撃破二機を数え、体当たり機の生還が新聞にはなばなしく報道されて、小林戦闘隊の名は全国に広まった。

この二日あと防衛総司令官名で、十飛師の空対空特攻隊は震天隊（震天制空隊とも呼ばれた）と総称される命令が出て、二百四十四戦隊のそれは第五震天隊と定められた。

命を弾丸に代えて

十二月十三日からB－29の爆撃目標にされた名古屋を守る第十一飛行師団は、戦力の半分をフィリピンへ持っていかれて手不足状態だった。十飛師は名古屋空襲のさいには一部戦力をさし向ける処置をとり、十九日以降二百四十四戦隊の主力は随時、浜松飛行場に前進する措置が決まった。

三日後、三菱・名古屋発動機製作所をねらって侵入するB－29を、調布から推進邀撃。渥美半島上空で捕捉して空戦が始まった。小林戦隊長は、部下たちがアッケにとられるほど編隊からぐんぐん抜け出して敵を追い、一機を撃破。三中隊長・白井長雄大尉の僚機で飛んだ鈴木正一伍長は、B－29の左翼中央部から一撃で黒煙を吐かせ、撃墜を果たしたが、酸素不足で目がくらんでそのまま浜松飛行場に着陸した。

撃墜二機、撃破一機の合計戦果をあげたこの空戦でも、痛感されたのは彼我の高空性能の差だった。「高々度一〇〇〇〇米ニ於テハ三式戦ヲ以テスル戦闘ハ最大限ナリ。更ニ高々度性能ノ飛行機ヲ欲シキモノナリ」。戦隊長の日記が、苦しい戦いぶりをものがたる。

いったん調布に帰ったのちの十二月二十七日、東京上空の邀撃戦で第五震天隊員・吉田竹雄曹長が、都民注視のなかで体当たり攻撃に成功。墜落する超重爆を見て地上では歓声がわき上がったが、曹長は三式戦とともに大空に散った。逆に、畑井清刀伍長の最期は誰にも見届けられず、全弾を撃ちつくした乗機の残骸で、その戦いぶりをしのぶほかなかった。

昭和二十年の来攻は、名古屋空襲で幕をあけた。

浜松に前進中の二百四十四戦隊は、小林戦隊長が要務で調布にもどっていたため、二中隊長・竹田五郎大尉の指揮で交戦。撃墜五機、撃破七機と、〝本場〟の十一飛師のどの部隊よりも多くの戦果を報告して、東部軍司令官から表彰状を授けられた。戦隊の戦果のうち、半分にあたる撃墜三機、撃破一機は、綿密な連係のもと、名古屋北方から渥美半島まで攻撃を加え続けた白井大尉、鈴木伍長、太田伍長の編隊がもたらした功績だった。

「新年早々コノ戦果。今年ハ調子良イゾ‼　充分アバレテ見ヨウ」。いかにも少年飛行兵らしい、鈴木伍長のこの日の日記である。

この予告どおり伍長は、一月九日の東京防空戦でさらに一機を葬《ほうむ》った。震天隊も活躍し、四宮中尉の後任隊長・高山正一少尉と、新たに震天隊員に加わった丹下充之少尉は、小平付近の上空で体当たり。高山少尉は落下傘で生還したが、丹下少尉は乗機とともに散った。離脱するB－29を追う小林戦隊長は、館山西方で一機撃破ののち、被弾して不時着、重爆に乗せてもらい調布に帰ってきた。

一月二十七日、関東上空の邀撃戦は凄絶《せいぜつ》をきわめた。中島・武蔵製作所への六度目の空襲をめざすB－29六二機に、防空戦闘隊がつぎつぎと体当たり攻撃を加えたのだ。とりわけ二百四十四戦隊の三式戦は、すさまじい奮闘ぶりを見せた。

先頭をきって離陸した小林戦隊長は、三式戦では限度の高度一万五〇〇〇メートルまで昇りつめ、哨戒中の午後二時に、富士山西方を北上するB－29一四機の梯団《ていだん》（数個編隊からなる集団）を発見。僚機・安藤喜良《きよし》伍長とともに降下に入り、先頭機を攻撃する。

ついで二番機に目標を移し、射撃しつつ激突した。小林大尉は失神したが、墜落中に蘇生、落下傘降下で地上に降り立った。防空戦隊の戦隊長としては、もちろん唯一の体当たり撃墜である。かねて隊員たちに「われわれは全部、特攻隊だ。全員が一対一で体当たりする」と訓辞していた大尉に二言はなかった。

戦隊長に随伴の安藤伍長も、そのまま体当たりを敢行。乗機は千葉県松戸付近に落ちて、伍長は戦死をとげた。

原町田（現在の東京都町田市）上空で直上方から逆落《さかお》としの第一撃をかけ、一機に黒煙を吐かせた二中隊の田中四郎兵衛准尉は、後続梯団の右はしの機に、前下方から突進して体当たりした。撃墜ほぼ確実の戦果を得た田中准尉は、東京湾に落ちて漁船に助けられたけれども、頭蓋底骨折の重傷を負い、以後ふたたび三式戦を駆ることはなかった。准尉の活躍に対し東部軍司令官から、顕著な戦果を得た生存者のしるしの武功徽章《きしょう》が授けられた。

戦隊長僚機を務めた安藤伍長が乗った三式戦一型。小林戦隊長の体当たりに続いて同一編隊のB–29にぶつかり墜落、戦死した。伍長はかねてより体当たり戦死を覚悟していたという。

他部隊と同様に、二百四十四戦隊の体当たり生還者の全員が、この得がたいバッジを授与されている。

体当たり戦法に主眼を置く第五震天隊も、十二月三日に続いて三機が突入した。驚異的なのは、このいずれもが二度目の体当たりであることだ。しかし明暗は分かれた。隊長・高山少尉は激突とともに散華し、板垣軍曹と中野軍曹（ともに特別進級）はふたたびの体当たり生還という、離れ業《わざ》を演じたのだった。両軍曹には二度目の武功徽章が授与されている。

こうして二百四十四戦隊のこの日の体当たり攻撃は六機におよび、三式戦は空対空特攻用機と化した感があった。

しかし、その後B－29が爆撃精度向上のために高度を下げ始め、ついで夜間空襲に移行したのと、戦隊全員が特攻隊という雰囲気が形成されて、震天隊は名のみ残されたかたちに変わっていく。

強敵グラマン

それまでB－29だけを相手にしていた本土防空部隊の戦いは、二月十六日を境に一変した。この日、硫黄島の攻略を開始した米軍は、同島への日本機の増援をはばむため、関東各地の陸海軍航空施設へ向けて、艦上機群を放ったのである。

B－29の防御火網はすさまじく、高高度での邀撃は非常な苦労を要したが、こちらから向かっていかないかぎり落とされる心配はない。しかし、艦上機の空襲には当然、戦闘機がついてくる。その任務は日本機を撃墜するのが目的だから、漫然と飛んでいればたちまち見つかり、狙われ、餌食にされてしまうのだ。

二百四十四戦隊はほぼ全力の四〇機で浜松に前進していたが、敵機動部隊接近の通報を受け、未明に全機発進、東京へ向かった。関東上空に達したとき、敵第一波はすでに侵入しており、千葉県北部の印旛沼上空でそのままF6F多数機と交戦に入った。だが、他の戦隊と同じく、たれこめた雲による視界の悪さと、なれない対戦闘機用の機動空戦のために、しだいに編隊がくずれて混戦におちいった。

進撃隊形の最後尾にいた三中隊・藤沢浩三中尉以下の四機は、下方に入ってきたF6F編隊に襲いかかった。一二・七ミリ弾が敵の主翼に当たっているが、火を噴かない。雲を隠れ蓑《みの》に攻撃をくり返すうちに僚機が離れて、藤沢中尉は単機で飛んでおり、さらに逃げ場の雲が見あたらなくなった。

ここへ、新手のF6F編隊が後方から上がってくる。上昇力が劣る三式戦ではとても振りきれず、藤沢機は射弾を浴びた。浜松を出る前に対戦闘機戦用に防弾鋼板を付けていたため、弾丸は彼の両わきを斜めにかすめ、エンジンを撃ち抜いた。潤滑油を吹き出し、プロペラが止まった三式戦を、たくみに利根川べりへ不時着させた中尉は、F6Fの上昇力のよさと編隊空戦のうまさを痛感したのだった。

三式戦一型丙の翼根上に鈴木伍長が立つ。キャリアは長くないが優れた技倆を、胴体に描いた４つの戦果マークが示している。戦隊長の危機を救ったが敵弾に倒れた。

整備隊の奮闘にもかかわらず、三式戦のエンジン故障の多さはあい変わらず続いていた。戦隊長・小林大尉以下の主力は、調布へ降りては五度にわたって出撃したが、つぎつぎに故障を生じ、最後の出撃で大尉についてきたのは、新垣安雄少尉と鈴木正一伍長の二名だけだった。

群馬県館林の上空で、カーチスＳＢ２Ｃ「ヘルダイバー」急降下爆撃機を掩護《えんご》するＦ６Ｆ約二〇機に向けて、三機は突進。Ｆ６Ｆを攻撃する戦隊長が他機に狙われるところへ、有効弾を送って急を救った鈴木伍長は、新垣少尉とともに挟撃され、両機とも被弾して火が流れ出た。伍長は火ダルマと化した三式戦を、最後の気力で人家がない辺りへ持っていき、力つきて足利市郊外の水田に突入、四日後の二十歳の誕生日を前に散華した。

三中隊員から戦隊長僚機へと変わった一月二十九日、虫が知らせたのか、彼は日記に「モウ八機撃墜破シテヲル故、死ンデモ本望ナリ」と書いていた。まっしぐらに突撃する小林隊長の僚機は、危険の度合も大きい。命に代えても、伍長は大尉を守るつもりだったのだろう。

実に、覚悟どおりの最期を遂げるに至った。

初めての戦闘機との戦いは、敵の機数も多く、苦戦を余儀なくされた。二百四十四戦隊は新垣少尉、鈴木伍長のほかに、遠藤軍曹と釘田健一伍長を失い、機材も八機を喪失して最大の損害をこうむった。

このまま敵艦戦との交戦を続ければ、防空戦力のいちじるしい低下をまねく、と判断した十飛師は、隷下部隊で最も戦力が充実した二百四十四戦隊と四式戦闘機「疾風《はやて》」の四十七戦隊に、艦船攻撃任務を与え、第六航空軍の指揮下に編入してしまった。敵艦上機群は翌十七日と二十五日にも大挙して関東各地を襲ったが、二百四十四戦隊は出撃を命じられず、内陸部へ空中避退しなければならなかった。

さらに三月十日、戦隊は機動部隊攻撃の第三十戦闘飛行集団に編入された。十九日には、かつて「はがくれ隊」隊長だった四宮中尉らの振武隊（対艦特攻隊）を掩護して、敵空母群をめざし熊野灘沖まで飛んだけれども、雲が多くて会敵できずにもどっている。

他隊を圧する功績

完全に邀撃任務を解かれた四十七戦隊とは異なり、二百四十四戦隊は四月五日、一時的に防空戦闘に対する出動の許可が下りた。だがその二日後に、Ｆ６Ｆに勝るとも劣らない強敵が待ち受けていた。Ｂ－29を掩護して、一一六〇キロかなたの硫黄島から初めて本土上空へ飛来したP－51D「マスタング」である。

ひさびさの空戦ながら、二百四十四戦隊の三式戦はP－51戦闘機の防御をくぐってB－29群に向かう。しかし、その壁は薄くなく、茨城県まで追撃した前田滋少尉と、戦隊長僚機の松枝友信伍長が被弾、戦死した。

すでに震天隊の編成を解いていた戦隊だったが、この日、二中隊の二名が体当たり攻撃をかけている。河野敬《たかし》少尉は東京西部上空でB－29に数撃を加えたのち、体当たりに移って乗機と運命をともにした。エンジン不調で編隊から離れた古波津《こはつ》里英《さとひで》少尉は、調布上空で哨戒中に来攻するB－29を発見、前下方攻撃をかけつつ敵の尾部に右翼をぶち当てた。少尉はきりもみ中の三式戦から落下傘降下し、B－29は調布に墜落した。

二百四十四戦隊のB－29への体当たり攻撃は、その後も続く。

四月十五～十六日にかけての夜、三中隊の市川忠一中尉が二機撃墜、一機撃破ののち体当たり、落下傘降下で生還という超人的な奮戦ぶりで、個人感状と戦隊唯一の武功徽章甲（ほかの受章者は乙）を授けられた。同日、藤沢中尉も一機を撃破してから別の機に迫り、火を吐かせた直後に左主翼を尾部銃座にぶつけて、落下傘で降りている。

半年に及んだ二百四十四戦隊の三式戦での苦闘は、五月十二日にピリオドを打った。

この日、沖縄戦参加を前に隷属する第三十戦闘飛行集団の指揮下に再編入され、同時に五式戦への全面的機種改変が行なわれたからだ。用ずみになった四〇機近くの三式戦は、調布にいた五個隊の特攻隊用にまわされた。

三日後の十五日、第一総軍司令官・杉山元《はじめ》元帥から、二百四十四戦隊に部隊感状が手わされた。そこには、戦隊の三式戦による戦果として、B-29撃墜七三機、同撃破九二機、F6F撃墜一〇機、同撃破二機、SB2C撃墜一機が記されている。これほどの戦果を誇りうる三式戦部隊は、むろんほかに見たらない。

感状の末尾にある「小林大尉ノ身ヲ以テスル卓越ナル統率指揮ノ下《モト》、全部隊一丸ト為《ナ》リ克《ヨ》ク皇土防衛ノ大任ヲ完遂セルモノニシテ其ノ功績抜群ナリ」の文章は、的確に戦隊の戦いぶりを表わしている。三式戦「飛燕」へのはなむけとして、これ以上の賛辞はないだろう。

本土防空戦を戦ったほかの三式戦部隊も、故障などに悩まされながらも、相当の戦果を報じている。そのなかで、二百四十四戦隊がきわだって光っているのは、撃墜数がトップであることが第一の理由だが、東京に基地を持ち、報道班員たちが集まりやすく、つねに紙面を飾り得た点も見逃せない。

勇将・小林戦隊長に率いられた隊員たちは、三式戦の欠点を精神力でカバーし、体当たり攻撃を他部隊より断然多い二〇回も敢行して、報道班員たちの、ひいては空襲下の国民の期待に応えたのだ。

あとがき

自身はもとより、搭乗飛行機および乗り合わせた人員、積荷などの命運を担うのがパイロットだ。彼が任務を遂行する場所が操縦席で、その空間は妥協《だきょう》を許されないメカニズムで構成されている。趣味の範囲のマイプレーンでの個人的な遊覧（それも単身で）ならともかく、プロが職務で飛行する場合は誤判断、誤操作があってはならないし、いかなる手加減を加えることも許されない。甘い対応は、事故につながってしまう。

この点で、戦時の軍用機の操縦席はいちだんときびしい。第一線の飛行空域には、撃墜しようとねらう敵機がひそんでいるからだ。任務を果たして、基地に帰るまでは、パイロットは片時も気を抜けない。副操縦士がとなりにいる大型機でも、緊張の度合は同じである。

戦火の空を行く飛行機は、機種によって目的が異なり、それぞれに課せられる責任、操縦難度のレベル、戦死・戦傷の可能性に違いがある。これらが総じて高いのが、銃火を交える機会が多い戦闘用機（爆撃機、攻撃機、襲撃機などをふくむ）で、敵機と切り結ぶのが役目の戦闘機は、例外を除けば、つねに死傷と隣り合わせだ。救いがあるとすれば多座戦闘機でないかぎり、配慮を要する同乗者がいない点だろう。

戦闘機をあやつる者にとって、一瞬一瞬の判断と反応が生死を分け、機敏即応の操作が相手を倒し味方を救う。そこには、なだらかな思考、情緒がひそむ余地はない。無機質な装置類が詰められた四周と、ときに人間性を消したパイロットが構成する、操縦席はやはり非情の空間と呼ぶべきではないか。

この短編集では、さまざまな陸海軍戦闘機の交戦を主体に、パイロットがどのような結果を得、どのような事態につながったのかを描いてみた。「非情なれども有情《うじょう》なり」の一面を読み取っていただければ、と願うばかりである。

〔秋水一閃〕

掲載誌＝「航空ファン」一九九九年一～二月号

それまで「秋水」といえば、「少ない資料をもとに作ったドイツのＭｅ163のコピー」「初飛行で墜落して終戦」だけが遍《あまね》く知られるのみで、軍がどう対応し、関係者がどう動いたかには触れられないままだった。かく記《しる》す著者も、それ以上の関心を抱いていなかったから、大きなことを言えはしないが。

一九八八年（昭和六十三年）十二月の別の方面の取材で、装備予定部隊・第三一二航空隊の幹部と新興宗教との接点を知らされ、この珍しい事態をふくめて各種の状況を調べたい気持ちがわいてきた。しかし被取材者から指示されたオフレコは、当然の理由による制限と納得できたため、一〇年後に約束を反故《ほご》にする許しが出るまでのあいだは、取材を広げず凍結し、いっさい筆にしなかった。

三一二空のなかでこの宗教に深く帰依《きえ》したのが、司令・柴田武雄大佐と飛行科分隊長・犬塚豊彦大尉の二人だ。

犬塚大尉の場合、行動に宗教の悪影響はまったくなかったと著者は断言できる。部下の分隊士たちに宗教への傾倒を強制した言動はなく、大尉にとって危険性充分のロケット機を進空させる重圧に耐える、心理的な支《ささ》えになっていたのは間違いないだろう。

柴田大佐については、試飛行の要点を託宣《たくせん》に依《よ》ったのだから、逸脱の感は免《まぬが》れまい。ただし、横須賀基地での試飛行が失敗の最大要因とは言いがたい面があり、ここで行なう利点もそれなりにあるので、非難の度合もそのぶん緩められよう。

膨大な資材と人材をそろえ、解決すべき多くの難問をこえて、多数の「秋水」をB－29必墜兵器として実戦配備につかせ得ると、何人が思いこんでいたのか。改訂のため改めて通読して、こんな疑問が脳裡《のうり》に宿った。

〔零戦指揮官はストレート〕
掲載誌＝「航空ファン」二〇一五年三月号

著者の直接取材活動がいちばん盛んだったのは、一九八〇年代だった気がする。面談や電話インタビューをかさねて知識が増え、質問・聴取能力は上がっていく。なにより、九泊一〇日といった遠距離連続取材旅行でも疲れない、三十代の体力が威力を発揮した。

被取材者のみなさんの多くも五十代後半～六十代と、いまの著者より若いから、記憶もより正確で、細かな事がらまで説明してもらえた。写真や各種記録などの資料がほとんど残っていなくても、遠路はるばる談話を聴きに来たかいがあった、といくたび思ったことだろう。このころの〝難点〟は、上級者も生存している場合が往々にしてあり、インタビューの回答に遠慮や回避のケースがときおり見られたことだ。残念だが、見送らざるを得ない疑問点は放棄するほかなかった。

そんな懸念、心配、心残りを、まったく感じさせないのが岡嶋清熊さんだった。どんな質問にも返事は明解、率直で具体的な回想を語ってもらえた。太平洋戦争のきびしい戦場を大尉～少佐ですごした岡嶋さんにとって、もう自分より上級者はたいてい他界して、クレームなど持ちこまれはしない。自分の言葉に自信と責任を持っているから、万一、不服の声が伝わってきても意に介さないだろう。

下級者からの文句や中傷が届く可能性がまずないのは、記事のなかに書いたとおり。教え子、部下だった人たちから、元隊長へのマイナス評価はついに聞かなかった。
岡嶋家には放し飼いのウサギがいて、岡嶋さんが庭で名を呼ぶとやってきた。「海軍時代は厳しかったが、戦後は人が変わった」という人がいたけれども、人が変わったのではなく、どちらも本質だったようにそのとき感じられた。

〔滑空機へ至る道〕
掲載誌＝「航空ファン」二〇一四年八月号
「このごろ『私がボケてきた』って言うんですよ」と大川五郎さんは笑った。横に座った夫人が微笑《ほほえ》んでいる。一九九八年（平成十年）の五月に訪問して、居間であいさつを交わしたとき。取材の前に、冗談で著者をくつろがせてくれたのだ。
大川さんの語り口は明瞭でよどみがなく、速すぎもせず、要点をノートに綴《つづ》るのが楽だった。組織、人名、出来事、感想など、いずれにも物忘れや記憶の混濁は感じられず、返答はこちらの探求心を満足させてくれた。
陸軍航空審査部で戦闘隊にいた黒江保彦さんが、中央線の電車の中で部下の来栖《くるす》良《りょう》技術大尉から語りかけられたことを、著作に記している。
「『宮本武蔵に子供があったかどうか知っていますか』『さあ、あったのじゃないかな?』『なかったでしょうね。そこに書いてありますよ』。彼の指さした先に駅名が書いてあった。

『むさしこがねい（武蔵小金井）。武蔵、子が無え。ね、そうでしょう』」。日米混血の来栖技術大尉のうまい洒落《しやれ》に、黒江少佐は一本とられている。

知る人ぞ知るこの小咄《こばなし》は、大川少佐が考えて技術大尉に教えたものだった。それを聞いて大川さんの人間性の一面を垣間《かいま》見た気がした。

取材中に「あれ？　奥さんの言葉は本当かも」と感じたときが何度かあった。話が急にとんで、追いかけるのに戸惑《とまど》ったからだ。時間の混乱が始まっているのだろうか。

当時、雑誌に連載していた審査部の物語の記述にインタビューの一部を使い、それから一五年以上たってこの短編をまとめることになった。取材ノートをくり返し読むうちに、はっと気付かされた。談話は少しもブレていない。筆者が理解しやすいよう、関連のことがらを早く話そうとして、経過を一本化できなかったのだ。

結果として話に齟齬《そご》は少しもなく、語り落としたキャリアは皆無と分かった。ボケていたのは、それを感じ取れなかった著者の頭だった。

〔新選組隊長の討ち死に〕

掲載誌＝「航空情報」一九八四年十一月号

近ごろはメッキが剥《は》げてきたが二十世紀末まで、局地戦闘機「紫電改」を装備した第三四三航空隊は、負け戦《いくさ》ばかりの太平洋戦争終盤において、一服の清涼剤に等しい必勝部隊的な存在と見なされるのが常だった。

伝説と化した三四三空の強さのみなもとは、ベテランを集めた搭乗員の高い技倆水準と、「紫電改」の高性能である。だが、搭乗員には若年者が少なくないし、「紫電改」も零戦五二型より威力があるとはいえ、米戦闘機に圧勝できるほどとは考えにくい。

末期の日米戦闘機隊の総合的な能力差から、敵の実際の損失機数は少なくとも、報告された戦果の三分の一にしぼるべきだろう。あるいはさらに減らす必要があるかも知れない。もちろん、たいていの零戦部隊よりは戦力的にまさっていたのは確実と思えるが。

希望的観測に彩《いろど》られた三四三空の各種データや評判のなかで、最も真実度が高いものの一つが菅野直大尉の人となりだろう。

司令だった源田実さんの著書をはじめ、大尉の勇猛果敢ぶりを紹介する手記がいくつもある。確かに勇ましい性格だったのだろうが、ノスタルジアによる膨張率が掛けられているのでは、と著者は推定していた。

けれども、新選組すなわち戦闘第三〇一飛行隊で部下だった方々に取材して、まったく掛け値なしの事実だと知らされた。異口同音の説明を聴き重ねると、「なるほど、あの勇猛な杉田庄一上飛曹が惚《ほ》れこむはずだ」と納得できた。まさしく新選組隊長にふさわしい人物だったのだ。

〔ニューギニアを支えた男〕

掲載誌＝「世界の傑作機『一式戦闘機・隼』」一九九七年七月刊

陸軍航空への関心度は、海軍よりもだいぶ低いのが相場だから、南郷茂男大尉を知らない飛行機ファンがいても少しも不思議ではない。

けれども、陸軍機と飛行戦隊にそれなりの知識を持つ者にとって、南郷大尉の名は燦然《さんぜん》たる輝きを放つ。傑物と称される黒江保彦少佐も絶賛を惜しまなかった人間性こそが、理由の第一にあげられるだろう。

衣食足りた平和な環境のもとでならともかく、命を的の戦場では勝ち戦においてすら、優れた人間性や指導力を発揮し続けるのは極めて困難だ。それを、機器材の量が敵より格段に少なく、生活物資の欠乏が日常的な、押される一方の東部ニューギニア戦線で維持したのだから、まさしく驚異的である。

さらなる驚きは、一式戦で戦い抜き、エースと呼ばれるにふさわしい戦功を残したことだ。速度も火力も段違いに低く、運動性だけを対抗手段に、数でも勝る敵機に向かうつらさは、航空戦のなんたるかを齧《かじ》った者には容易に想像がつく。

防衛庁戦史室が作ったいわゆる公刊戦史をはじめ、南郷大尉が登場する記録や回想記を読んで、「確かにりっぱな人物だったのだろうが、贔屓目《ひいきめ》に見たプラスアルファが加味されていよう」と思っていた。あまりに傑物すぎるからだ。

それがまったくの誤りと知らされたのは、整備将校としてともに苛烈な日々をすごした川村博さんに取材したときだった。大尉に最も近しい一人の川村さんの談話から、これまでに出た大尉についての記述は少しもオーバーでないと知らされた。

年齢、性格、キャリア、活動地域などは異なっていても、本書短編中の菅野直大尉と双璧の感がある。南郷大尉は海軍兵学校を落ち、菅野大尉は陸軍士官学校に入れなかった。両軍の得失は五分五分と見なすべきだろう。

〔激突の果てに〕

掲載誌＝「航空情報」一九八三年六月号

陸海軍を合わせた全夜間戦闘機乗りのうちで、戦いぶりが最も バラエティに富み、しかもすさまじかったのは、中川義正上飛曹ではないかと著者は思っている。

「月光」による潜水艦撃沈に始まり、P－38撃墜、B－24への体当たり、不時着時の手ひどい頭蓋骨《ずがいこつ》骨折からの回復。乗機を「彗星」夜戦に変えてからも、P－61双発夜戦の撃墜、三号爆弾で四発重爆三機の同時撃墜と続く。これらのどれもが、きわめて珍しい記録なのだ。

本稿の主題にB－24体当たりを選んだのは、相手の状況が判明しているうえ、敵味方の双方に取材できた（ローランド・T・フィッシャーさんには手紙で）からだ。航空戦史の書き手にとっても、得がたい好条件だった。

中川さんに面談取材したおり、鮮明に記憶に残ったひと言があった。「昭和三十九年に互いの存在が分かったのに、なぜ日本での出会いが四十七年になったのですか」と問うと、「事業に成功したフィッシャー氏に比べて、私の立場は充分ではなかった。相手に恥ずかしくない状態にするまでに八年かかったのです」

中川さんが求めたのは決して見栄ではない。フィッシャーさんにとっては日本の代表者である自分が、見劣りのする姿で対応するわけにはいかない、と考えたからだ。著者に答える風貌《ふうぼう》に、古武士の趣《おもむき》があった。

〔本土防空戦ダイジェスト〕

掲載誌＝『丸』別冊・終戦への道程」一九九〇年七月号

内地上空に敵機が現われ、日本軍戦闘機と交戦したのは、昭和十七年四月十八日と、十九年十一月からの九ヵ月だ。

本土防空戦の記録を分厚な一冊にまとめ、写真集も陸軍編と海軍編を分けて出したほか、関連記事をときおり書いている著者は、零戦や「月光」、四式戦や二式複戦がB－29、P－51、F6Fなどとどんな状況で空戦し、いかなる結果に至ったかを、おおむね記憶している。とはいえ意外に適当で、日時、機数、名前や階級、戦闘状況などに万全を期しがたい。

日本機や太平洋戦史に関心を持っていても、こうしたことがらを細大もらさず覚えているマニア、ファンは、まずいないだろう（もしおいでならお詫びします）。

この一編は雑誌編集部からの依頼で書いたものだが、刊行後これまで、ときどき便利に見直している。日時を追ってならべられ、表記や数字には自信があるから、仕事中ちょっと思い出せないときに手早く調べられる点がいい。

これをもういちど吟味し手を入れて、短編集に加えれば、読者諸氏にも〝本土防空戦〟早わかり的に使ってもらえるのではないか。言うまでもなく、戦史の読み物としての存在価値が妥当《だとう》と評価されなければならない。如何《いかが》だろうか？

〔若さの戦果〕
掲載誌＝「世界の傑作機『局地戦闘機・雷電』」一九九六年十一月刊
鹿児島県の曽於郡輝北町は、鹿屋市から二〇キロちかく北にある。町内を通る国道わきに「B29墜落地点の碑」が建立《こんりゅう》されて、七〇年前に上空一帯で超重爆撃機に対する邀撃戦が行なわれたことを伝えている。
第三五二航空隊の黒田昭二飛長が乗る「雷電」の射弾を受けて、第873爆撃飛行隊機がここに墜落。機外に投げ出された敵クルーの遺体を、集まった村民が竹槍や農具で突こうとした。鹿屋周辺に住む人々にとって、味方を苦しめる敵を眼前にして殺気立ち、せめて仇に一太刀をと行動するのはむしろ自然なふるまいだ。

だが、本文中に記したように諫《いさ》める言葉があり（村民が「死ねば敵も仏」と述べたともいう）、遺体をていねいに葬《ほうむ》った。おかげで敗戦後に米軍が調査に来ても、なんら咎《とが》めを受けずにすんだのだが、当時の状況からすれば実はこちらの方がむしろ奇異と言えよう。無論、敵を埋葬する行為は尊いが。

鹿屋基地から作戦した集成「雷電」隊の、実際の撃墜戦果はあまり多くない。そのなかで、相手を特定できる完全な確実撃墜を、ハイティーンの黒田飛長が果たした勲功は、忘れられるべきではない。このB－29がサイパン島に帰還していたら、つぎは焼夷弾をしこたま抱えて都市を襲い、さらに数十人、数百人の民間人に残虐な焼死や火傷を強いる可能性が、充分にあったのだから。

〔切り裂くツバメ〕

掲載誌＝「丸」一九八五年四月号

日本の工業力の手にあまる、巧緻《こうち》なメカニズムのDB601Aエンジンを、なんとか国産化して三式一型戦闘機を作ったけれども、実戦に使った昭和十八年には特に長所がない、扱いにくい動力に堕していた。軍部のドイツ傾倒が招いた典型例だろう。

それでも、いまなお三式戦を持ち上げる回顧がくり返されるのは、機体設計の高水準と、飛行第二百四十四戦隊の活動によると言っていい。前者については、エンジン出力を強化した二型と空冷化した五式戦闘機のバランスのいい性能が、遅まきながら証明している。

装備各部隊のうちで最多の戦果を記録した二百四十四戦隊については、戦隊長の小林照彦少佐をはじめとする関係者の手記や、第三者の手になる戦記が、いまから三〇年前の本稿執筆時までに、しばしば発表されてきた。だからこれら既存の文献資料だけで、おおよその戦闘経過をそれなりに再現できなくはない。

雑誌編集部からの依頼原稿にそうした安直なかたちで応じては、二百四十四戦隊に対してはもとより、三式戦にも申しわけがなく、手がける意味を見いだせない気がした。そこで十数名の直接取材のエッセンスをちりばめて、短編なりに重みがある仕上がりになればと努めた次第。著者の方針は当を得ただろうか。

九編の記事のうち、六編は十数年前に絶版になった他社の文庫からの再録だが、それぞれに改訂し、相当な追加稿を付して完成度を高めた編もある。

三分の一世紀のあいだに書き著した記事を、新たに取りまとめ、疎漏《そろう》なく一冊の本に編集、再現してくれた藤井利郎さん、小野塚康弘さんの手腕には感謝のほかはない。

二〇一五年九月

渡辺洋二

NF文庫

非情の操縦席

二〇一五年十一月十三日　印刷
二〇一五年十一月十九日　発行

著　者　渡辺洋二
発行者　高城直一

発行所　株式会社　潮書房光人社
〒102-0073　東京都千代田区九段北一-九-十一
振替／〇〇一七〇-六-五四六九三
電話／〇三-三二六五-一八六四(代)
印刷所　モリモト印刷株式会社
製本所　東　京　美　術　紙　工

ISBN978-4-7698-2915-7　C0195
http://www.kojinsha.co.jp

NF文庫

刊行のことば

第二次世界大戦の戦火が熄《や》んで五〇年——その間、小社は夥しい数の戦争の記録を渉猟し、発掘し、常に公正なる立場を貫いて書誌とし、大方の絶讃を博して今日に及ぶが、その源は、散華された世代への熱き思い入れであり、同時に、その記録を誌して平和の礎とし、後世に伝えんとするにある。

小社の出版物は、戦記、伝記、文学、エッセイ、写真集、その他、すでに一、〇〇〇点を越え、加えて戦後五〇年になんなんとするを契機として、「光人社NF（ノンフィクション）文庫」を創刊して、読者諸賢の熱烈要望におこたえする次第である。人生のバイブルとして、心弱きときの活性の糧《かて》として、散華の世代からの感動の肉声に、あなたもぜひ、耳を傾けて下さい。

＊潮書房光人社が贈る勇気と感動を伝える人生のバイブル＊

ＮＦ文庫

もうひとつの小さな戦争
小田部家邦

小学六年生が体験した東京大空襲と学童集団疎開の記録
高射砲弾の炸裂と無気味な爆音、そして空腹と栄養不足の集団生活。戦時下に暮らした子供たちの戦いを綴るノンフィクション。

ゲッベルスとナチ宣伝戦
広田厚司

一般市民を扇動する恐るべき野望
世界最初にして、最大の「国民啓蒙宣伝省」——ヒトラー、ナチ幹部、国防軍、そして市民を従属させたその全貌を描いた話題作。

戦艦大和の台所
高森直史

海軍食グルメ・アラカルト
超弩級戦艦「大和」乗員二五〇〇人の食事は、どのようにつくられたのか？　メシ炊き兵の気概を描く蘊蓄満載の海軍食生活史。

沖縄一中　鉄血勤皇隊
田村洋三

学徒の盾となった隊長　篠原保司
悲劇の中学生隊を指揮、凄惨な地上戦のただ中で最後まで人として歩むべき道を示し続けた若き陸軍将校と生徒たちの絆を描く。

飛燕Ｂ29邀撃記
高木晃治

飛行第56戦隊　足摺の海と空
本土上空に彩られた非情の戦い！　大戦末期、足摺岬上空で集合するＢ29に内迫攻撃を挑んだ陸軍戦闘機パイロットたちの航跡。

砲艦　駆潜艇　水雷艇　掃海艇
大内建二

それぞれの任務に適した個性的な艦艇
河川の哨戒、陸兵の護衛や輸送などを担い、時として外交の場となった砲艦など、日本海軍の特異な四艦種を写真と図版で詳解。